수의 비밀에 도전한 과학자들

1

과학 시크릿

| 정완상 지음 |

과학정원

과학 시크릿 1

수의 비밀에 도전한 과학자들

초판 인쇄 / 2015년 10월 20일
초판 발행 / 2015년 10월 30일

지은이 / 정완상
펴낸이 / 오판근
펴낸곳 / 교우사

주소 / 서울특별시 동대문구 약령시로 8 교우빌딩 2층
전화 / 925-2861(代), 편집부 / 925-2825, 홈쇼핑 / 969-5762
팩스 / 925-2860

이메일 / kyowoo@kyowoo.co.kr
홈페이지 / http://www.kyowoo.co.kr
북스토어(쇼핑몰) / http://www.kyowoo.co.kr

등록번호 / 1994년 3월 24일 제6-0256호

ISBN 979-11-251-0129-1(03400)
979-11-251-0128-4(세트)

값 12,000원

과학정원은 교우사의 새로운 브랜드명입니다.

머리말

위대한 과학자들은 과학을 사랑하는 청소년들에게는 꿈과 희망을 주는 별입니다. 출판사에서 과학시크릿 시리즈를 써달라는 제의를 받고 과학의 역사를 빛낸 수많은 과학자들을 떠올렸습니다. 또한 이들 과학자들의 새로운 과학에 대한 도전의 역사를 어떻게 잘 정리하는 가를 놓고 많은 고민을 했습니다.

과학은 명확한 대상을 연구하는 학문입니다. 그러므로 이 시리즈는 각 권의 주제를 연구한 과학자들의 이야기입니다. 이 책을 쓰면서 과학이라는 명확한 대상을 놓고 과학자들이 시대적으로 어떤 생각을 가졌는지를 역사에 초점을 맞추어 서술해보는 것이 청소년들에게 가장 도움을 줄 수 있다는 생각이 들었습니다.

이 책은 수의 비밀에 도전한 과학자들의 이야기를 다루었습니다. 숫자가 없던 시절의 이야기부터 출발해 로마수와 그리스 수에 대한 이야기를 다루었고, 자연수를 사랑한 피타고라스 학파의 자연수의 성질을 발견한 이야기, 0과 음의 정수의 발견한 인도수학자들의 이야기, 분수와 소수의 발견, 무리수의 발견에 이바지한 수학자들의 이야기, 정수의 규칙성을 연구한 수학자들의 이야기, 정수의 신비한 성질을 알아낸 수학자들의 이야기를 다루었습니다.

이 책을 쓰면서 그 동안 몰랐던 많은 것들을 알게 되어 기뻤습니다. 과학자들의 개인적인 에피소드나 연구하는 방법들을 통해 저자 자신도 많은 도움을 받았습니다. 이 책을 쓰면서 저자가 국립경상대학교에서 교양

강좌로 가르쳤던 〈현대 과학의 이해〉라는 과목의 강의가 큰 도움이 되었습니다.

이 시리즈는 각각의 소주제에 대해 시대 순으로 과학자들의 연구내용을 모았습니다. 복잡한 수식이나 공식은 피해 독자들이 본문을 읽어 나가는 데 난해한 수식으로 인해 어려움을 겪지 않도록 배려했습니다. 그동안 수많은 교양 과학 도서를 썼지만 이번 시리즈처럼 좋은 사진과 삽화와 함께 과학의 각 주제별 역사를 한 눈에 볼 수 있는 책을 집필한 것은 처음이었습니다.

이 책을 쓰는 데 큰 도움을 준 대학원생 차지훈 군, 장은지 양, 정민군, 오유리 양에게 감사를 드립니다. 그리고 부족한 원고를 독자들이 읽기 편하도록 멋지게 편집해준 교우사 편집부에도 감사를 드립니다. 마지막으로 이 책이 나올 수 있도록 물심양면으로 도와주신 도서출판 교우사의 사장님과 출판사 가족 여러분에게 감사를 드립니다.

차 례

Contents

01 숫자는 누가 만들었을까?

1 이집트의 숫자

숫자와 수는 어떤 차이가 있을까? 이 차이는 알파벳과 단어의 차이와 같다. b라고 썼을 때 이것은 어떤 의미를 지니고 있지 않다. 하지만 boy처럼 세 개의 알파벳을 일렬로 나열하면 '소년'이라는 뜻을 가진 영어단어가 된다. 숫자와 수의 관계도 마찬가지이다. 우리가 현재 사용하는 수는 다음과 같은 10개의 숫자들에 의해 표현된다.

0, 1, 2, 3, 4, 5, 6, 7, 8, 9

물론 이들 각각은 일의 자리수가 된다. 하지만 숫자 두 개를 나란히 써서 37이라고 쓰면 이것은 '삼십칠'이라고 읽고 두 자리 수가 된다. 숫자를 여러 개 나열하면 항상 수가 될까? 전화번호 1588−3468을 보자. 여기에서 1588이나 3468은 수가 아니라 단순히 네 개의 숫자들의 나열일 뿐이다. 자동차 번호판이나 통장의 계좌번호도 수는 아니다.

이렇게 10개의 숫자들로 여러 자리수의 수를 나타낼 수 있는데 이 열 개의 숫자를 인도-아라비아 숫자라고 부른다. 인도-아라비아 숫자에 대해서는 다음에 설명하기로 하고 이제 이 숫자가 나오기 전에 어떤 숫자들이 나왔는지에 대해 알아보자.

아주 오랜 옛날 숫자가 없던 시절에도 수는 필요했다. 어떤 부족의 인구가 얼마인지? 자신이 키우고 있는 양의 수가 줄어들지는 않았는지? 등을 알기 위해서였다. 당시 사람들은 나무나 동물의 뼈에 눈금을 새기거나 끈에 매듭을 묶는다든가 해서 수를 나타냈다. 1960년 벨기에의 브로크는 2만 년 전에 아프리카 콩고의 '이상고'에서 눈금이 새겨진 동물의 뼈를 발견했다.

▶ 이상고 뼈

1 우라펀
2 오코사
3 오코사 우라펀
4 오코사 오코사
5 오코사 오코사 우라펀
6 오코사 오코사 오코사

숫자가 만들어지기 전, 원시인들은 수를 헤아리는 새로운 방법을 알아냈다. 기원은 알려져 있지 않지만 호주의 오래된 부족은 아직도 수를 헤아릴 때 오코사와 우라펀이라는 두 단어를 이용한다. 이들은 1을 나타내는 우라펀과 2를 나타내는 오코사를 사용하여 모든 수를 나타내는데 예를 들면 오른쪽과 같다.

오코사와 우라펀을 이용해 모든 수를 나타내는 것은 현재의 이진법 체계에서 0과 1만으로 모든 수를 나타내는 방식과 흡사하다.

고대인들은 또한 몸으로 수를 나타내기도 했다. 예를 들어 오른손 새끼손가락부터 엄지손가락까지는 차례로 1부터 5까지의 수를 나타내고,

▶ 고대 이집트 문명 지도

6은 오른 쪽 손목, 7은 오른쪽 팔꿈치, 8은 오른쪽 어깨, 9는 오른 쪽 귀, 10은 오른쪽 눈, 11은 코, 12는 입, 13은 왼쪽 눈, 14는 왼쪽 귀, 15는 왼쪽 어깨, 16은 왼쪽 팔꿈치, 17은 왼쪽 손목, 18부터 22는 왼손 엄지손가락부터 새끼손가락으로 나타내는 방식이다.

최초로 십진법에 기초한 수 체계를 세운 사람들은 고대 이집트사람들이었다. 고대 이집트 문명은 나일강 하류에서 번성한 문명인데 최고의 전성기인 기원전 15세기에는 나일 강 삼각주에서 제벨 바르카(Jebel Barkal)까지 세력을 뻗쳤다. 이집트 문명은 기원전 3200년부터 기원전 343년까지 삼천년 가까이 존재했으며 알렉산더 대왕의 점령으로 그 막을 내리게 되었다.

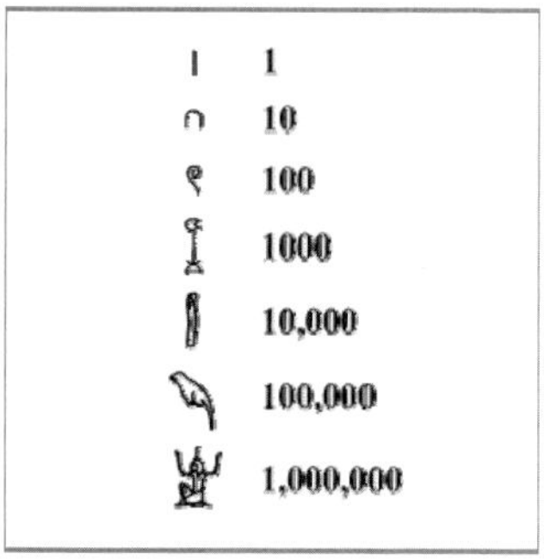

기원전 3400년 경 이집트 사람들은 1, 10, 100, 1000, 10000, 100000, 1000000 등을 나타내는 기호를 만들어 큰 수를 나타냈다.

1을 나타내는 기호는 수직 막대기 한 개다. 따라서 1부터 9까지의 수는 다음과 같았다.

1 = l
2 = ll
3 = lll
4 = llll
5 = lllll

10은 뒤꿈치 뼈를 본 뜬 기호이다. 20은 10이 두 개 모인 것이므로 ∩∩가 되고, 93은 ∩∩∩∩∩∩∩∩∩111 등

6 = llllll

7 = lllllll

8 = llllllll

9 = lllllllll

과 같이 나타냈다. 100은 두루마리 모양이고 1000은 강에 떠 있는 연꽃의 수가 그 정도 된다는 의미에서 연꽃 모양으로 나타냈다. 10000을 나타내는 기호는 손가락으로 무언가를 지적하는 모양인데 수가 너무 많아 신기해하는 모습을 나타냈다. 100000을 나타내는 기호는 올챙이로 강에서 사는 올챙이의 수가 그 정도라는 의미였다. 1000000을 나타내는 기호는 손을 번쩍 든 사람인데 너무나 큰 수이기 때문에 깜짝 놀랄 정도라는 의미를 담고 있다. 예를 들어 1996을 이집트 숫자로 나타내면 다음과 같다.

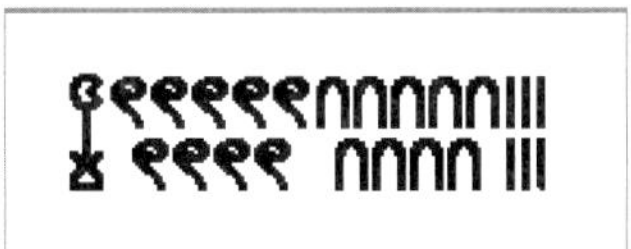

활동수업

1. 우리 주위에서 숫자들이 나열되어 수가 되지 못하는 예를 들어 보자.
2. 자신이 태어난 해를 이집트 수로 나타내 보자.

과학서술수업

1. 자신의 나이를 오코사와 우라펀으로 나타내 보자.
2. ‘오코사 오코사 오코사 오코사 우라펀’을 인도-아라비아 수로 고쳐 써 보자.
3. ‘∩∩∩∩ llllll’을 인도-아라비아 수로 고쳐 보자.

교과 연계 내용

1. 십진법이란 무엇인가?

수를 숫자로 나타내는 방법을 진법이라고 한다. 수를 나타낼 때 자리가 하나씩 올라감에 따라 자리의 값이 10배씩 커지게 수를 표시하는 방법을 십진법이라고 한다. 그리고 십진법으로 나타내어진 수를 십진법의 수라고 부른다. 십진법의 수의 각 자리 수는 열 개의 숫자로 다음과 같다.

$$0, 1, 2, 3, 4, 5, 6, 7, 8, 9$$

예를 들어 342를 보자. 여기서 3은 100의 자리, 4는 10의 자리, 2는 일의 자리이고 이때 100, 10, 1을 각 자리의 값이라 한다. 그러므로 한 자리 올라갈 때마다 자리의 값이 10배가 되는 것을 알 수 있다. 각 자리수를 거듭제곱으로 나타내면 $100=10^2$이므로 3은 10^2자리 수라고 말할 수도 있다.

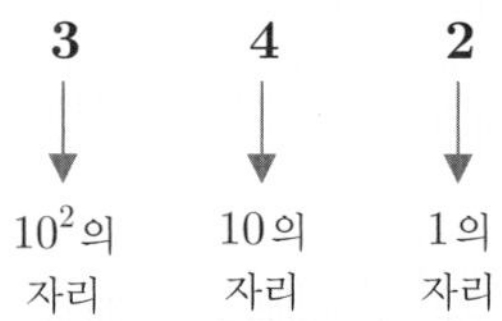

$342=300+40+2$이고 $300=3\times100=3\times10^2$, $40=4\times10$이니까 다음과 같이 쓸 수 있다.

$$342=3\times10^2+4\times10+2\times1$$

이것을 십진법의 전개식이라고 부른다.

2. 거듭제곱

같은 수를 여러 번 곱하는 것을 그 수의 거듭제곱이라고 한다. 예를 들어 2를 두 번 곱하면 2×2가 되는데 이것을 2^2이라고 쓰고 '2의 제곱'이라고 읽는다. 마찬가지로 2를 세 번 곱하면 $2 \times 2 \times 2$가 되는데 이것을 2^3이라고 쓰고 '2의 세제곱'이라고 읽는다. 2의 제곱, 세제곱, 네제곱 등을 총칭하여 2의 거듭제곱이라고 부른다.

3. 이진법이란 무엇인가?

이진법은 수를 나타낼 때 자리가 하나씩 올라감에 따라 자리의 값이 2배씩 커지게 수를 표시하는 방법이다. 이진법으로 나타내어진 수를 이진법의 수라고 부른다. 이진법의 각 자리 수는 0과 1이나.
이진법의 수는 십진법의 수와 구별하기 위해 수 뒤에 (2)를 아래첨자로 붙여서 나타낸다.

$$1001_{(2)}$$

이 수는 '천일'이라고 읽지 않고 '이진법으로 나타낸 수 일영영일'이라고 읽는다.

이번에는 이진법의 전개식에 대해 알아보자. 십진법의 10 대신에 2를 넣는다고 생각하면 된다. 십진법의 수 342에서 3은 10^2 자리수, 4는 10의 자리수, 2는 1의 자리수 이듯이 이진법의 수 $101_{(2)}$에서 앞의

1은 2^2의 자리수, 0은 2의 자리수, 뒤의 1은 1의 자리수가 되다.

1	**0**	**1**
↓	↓	↓
2^2 의 자리	2의 자리	1의 자리

즉, 십진법에서 1, 10, 10^2, …이던 것이 1, 2, 2^2, …로 바뀐다.

2 바빌로니아의 숫자

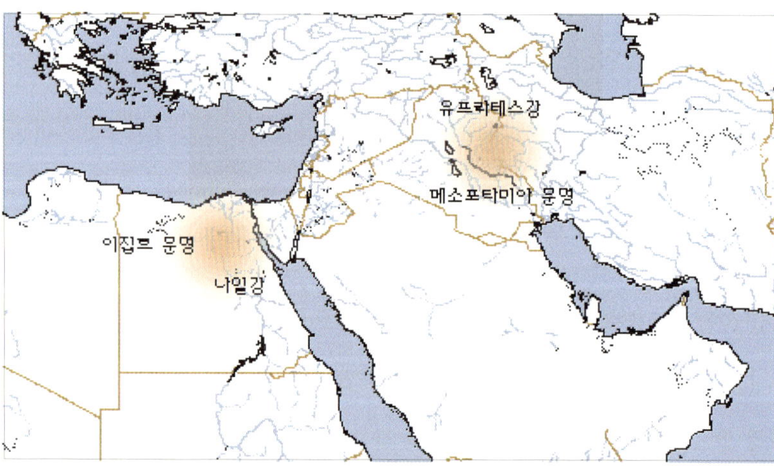

▶ 메소포타미아 문명 지도

세계의 4대 문명은 모두 큰 강 유역에서 발생했다. 나일강 주위에서는 이집트 문명이 유프라테스강과 티그리스강 주위에서는 메소포타미아문명이 갠지스강 주위에서는 인도문명이 황하 주위에서는 황하문명이 발생했다. 이 중 메소포타미아 문명은 흔히 바빌로니아 문명이라고 불리워진다.

고대 이집트의 수와 더불어 고대 바빌로니아의 수 체계 역시 역사적으로 유명하다. 기원전 34세기경부터 사용된 것으로 알려진 바빌로니아의 수 체계는 놀랍게도 60진법을 사용했다. 바빌로니아는 파피루스가 부족해 바늘로 점토에 수를 새기는 쐐기문자를 사용했다.

바빌로니아 사람들은 1을 나타내는 기호와 10을 나타내는 기호를 이용하여 1부터 59까지의 수를 나타냈다.

▶ 바빌로니아의 쐐기 문자

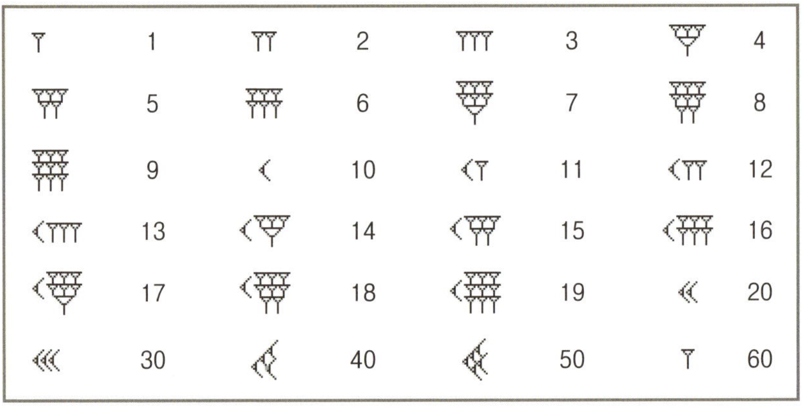

바빌로니아 사람들이 60진법을 사용한 이유는 60이 1, 2, 3, 4, 5, 6, 10, 12, 15, 20, 30, 60과 같이 여러 자연수로 나눠떨어지는 수이기 때문이다. 또한 바빌로니아 사람들은 한 바퀴를 360도로 정의했는데 이 역시 60의 배수이기 때문에 60진법을 사용하면 편리한 점이 많았다. 또한 그들은 1년을 360일로 그리고 1년을 12로 나눈 것을 한 달로 정의했는데 이때 등장하는 360과 12는 모두 60진법으로 다룰 때 편리한 수가 된다.

60진법을 사용하기 때문에 60을 나타내는 기호는 1을 나타내는 기호와 같았다. 바빌로니아 사람들이 60 이상의 수를 나타낸 방식은 다음과 같다.

바빌로니아수	60진법표시	십진법표시
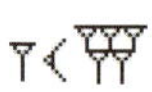	1, 15	75
	1, 40	100
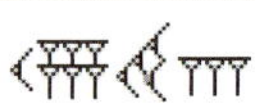	16, 43	1003

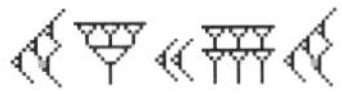	44, 26, 40	160000
	1, 24, 51, 10	305470

즉, 는 60의 자리수가 (1)이고 1의 자리수가 (15)이므로 이 수는

$$1 \times 60 + 15 = 75$$

가 된다. 또한, 은 60^2의 자리수가 (44)이고 60의 자리수가 (26)이고 일의 자리수가 (40)이므로 이 수는

$$44 \times 60^2 + 26 \times 60 + 40 = 160000$$

이 된다.

활동수업

인터넷을 이용하여 세계 4대 문명에 대해 좀 더 자세히 조사해 보자.

수학서술수업

1. 258을 바빌로니아의 숫자로 나타내라.

2. 을 우리가 사용하는 인도-아라비아 숫자로 나타내라.

교과 연계 내용

1) 약수

어떤 수를 나눠떨어지게 하는 수를 그 수의 약수라고 부른다. 예를 들어 6은 2로 나눠떨어지므로 2는 6의 약수이지만 6은 4로 나눠떨어지지 않으므로 4는 6의 약수가 아니다. 6의 약수를 모두 써보면 다음과 같다.

$$1, 2, 3, 6$$

1은 모든 수를 나눠떨어지게 하므로 1은 모든 수의 약수이고 자기 자신은 자기 자신을 나눠떨어지게 하므로 자기 자신은 항상 자기자신의 약수이다.

영재 페이지

1) 일반적인 진법

이번에는 일반적인 p진법에 대해 알아보자. p진법에서는 수를 나타낼 때 자리가 하나씩 올라감에 따라 자리의 값이 p배씩 커지게 수를 표시한다. p진법의 수의 각 자리 수는 다음과 같다.

$$0, 1, 2, 3, \cdots, p-1$$

예를 들어 p진법의 수 $324_{(p)}$를 보자. 여기서 3은 p^2의 자리, 2는 p의 자리, 4는 일의 자리이고 이때 p^2, p, 1이 각 자리의 값이다. 그러므로 한 자리 올라갈 때마다 자리의 값이 p배가 되는 것을 알 수 있다. 그러므로 $324_{(p)}$는 다음과 같다.

$$324_{(p)} = 3\times p^2 + 2\times p + 4$$

이것을 p진법의 전개식이라고 부른다.

3 그리스의 수

기원전 3세기경 고대 그리스 사람들은 알파벳을 이용하여 수를 나타내는 방법을 처음으로 도입했다. 그들은 그리스 알파벳인 α, β, γ, …를 각각 1, 2, 3, …에 대응시키는 방법으로 다음과 같은 그리스 숫자를 만들었다.

α	β	γ	δ	ε	F	ζ	η	θ
1	2	3	4	5	6	7	8	9
ι	κ	λ	μ	ν	ξ	o	π	ϙ
10	20	30	40	50	60	70	80	90
ρ	σ	τ	υ	φ	χ	ψ	ω	ϡ
100	200	300	400	500	600	700	800	900
$,\alpha$	$,\beta$	$,\gamma$	$,\delta$	$,\varepsilon$				
1000	2000	3000	4000	5000				
$,F$	$,\zeta$	$,\eta$	$,\theta$					
6000	7000	8000	9000					

예를 들어 $\iota\beta$를 보자. ι가 10을 β가 2를 나타내므로 $\iota\beta$는 12를 나타낸다. 또 다른 예로 $\sigma\mu\eta$를 보자. σ는 200을 μ는 40을 η는 7을 나타내므로 $\sigma\mu\eta$는 247을 나타낸다.

그리스의 수체계는 0이 없다는 것을 제외하고는 현재의 십진법과 비슷하다. 11을 그리스 숫자로 나타내면 $11 = 10 + 1$이므로 10을 나타내는 기호인 ι 뒤에 1을 나타내는 기호인 α를 써서 $\iota\alpha$라고 쓰면 된다. 또한 101을 나타낼 때는 $101 = 100 + 1$이므로 100을 나타내는 기호인 ρ 뒤에 1을 나타내는 기호인 α를 써서 $\rho\alpha$라고 쓰면 된다. 현재의 수체계에서는 0과 1만으로 두 수를 쓸 수 있지만 그리스의 수체계로는 11과 101을 완전히 다른 꼴로 표현됨을 알 수 있다.

그리스 사람들은 십진법을 사용하기 때문에 1000부터, 9000까지의 수를 나타내기 위해 또 다른 기호가 필요했다. 하지만 그들의 알파벳의 수가 모자라기 때문에 1000부터 9000까지를 나타내는 기호로 1부터 9까지를 나타내는 알파벳 앞에 콤마를 찍었다. 예를 들어 3458을 그리스 수로 나타내면

$$,\gamma\upsilon\nu\eta$$

이 되는데 여기서 '$,\gamma$'는 3이 아니라 3000을 나타낸다.

마찬가지로 그리스 사람들은 10000이상의 수를 나타내기 위해 다음과 같은 기호를 도입했다.

$$10000 = \mathrm{M}$$

$$20000 = \overset{\beta}{\mathrm{M}}$$

$$30000 = \overset{\gamma}{\mathrm{M}}$$

그리스의 수에는 10만 이상이 정의되지 않는데 그들은 그 정도로 큰 수의 필요성을 느끼지 못했기 때문에 그런 수를 나타내는 새로운 기호를 만들지 않았다.

수학서술수업

1) 57을 그리스 수로 나타내라.

2) $,\beta\nu\mu\kappa$를 우리가 알고 있는 수로 나타내라.

4 로마의 수

그리스 시대가 쇠퇴하고 로마시대가 도래했다. 새 술은 새 부대에 붓는다고 로마사람들은 그리스 숫자를 거부하고 새로운 숫자를 만들었다. 로마숫자는 요즘도 고급시계의 숫자판으로 사용되고 있다.

▶ 로마숫자로 표기된 시계

로마숫자로 1, 2, 3을 나타내면 다음과 같다.

$$1 = \mathrm{I},\ \ 2 = \mathrm{II},\ \ 3 = \mathrm{III}$$

로마 사람들은 4를 IIII로 나타내지 않았다. 대신에 그들은 5를 나타내는 새로운 기호를 만들었다.

$$5 = \mathrm{V}$$

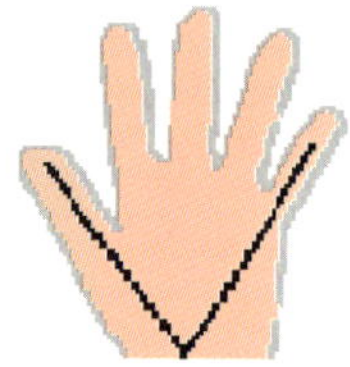

로마 사람들이 5를 V로 나타낸 것은 손가락이 다섯 개이고 손가락을 모두 펼치면 오른쪽 그림과 같이 브이자 모양이 되기 때문이었다.

로마 사람들은 IIII처럼 같은 기호가 네 번 반복되는 것을 싫어했다. 그래서 그들은 5를 나타내기 위해 뺄셈의 개념을 도입했다. 4는 5보다 1 작으므로 5를 나타내는 V 앞에 1을 나타내는 I를 쓴 것을 4로 나타낸 것이다.

$$4 = \mathrm{IV}$$

로마 사람들은 $6=5+1$, $7=5+2$, $8=5+3$이므로 다음과 같이 나타냈다.

$$6 = \mathrm{VI},\ \ 7 = \mathrm{VII},\ \ 8 = \mathrm{VIII}$$

즉, V보다 앞에 나온 I는 뺄셈으로 정의되고 V 보다 뒤에 나오는 I는 덧셈으로 정의된다. 로마 사람들은 다시 10을 나타내는 기호가 필요했다. 양손을 붙이면 다음과 같은 모양이 되므로 그들은 10을 X로 나타냈다.

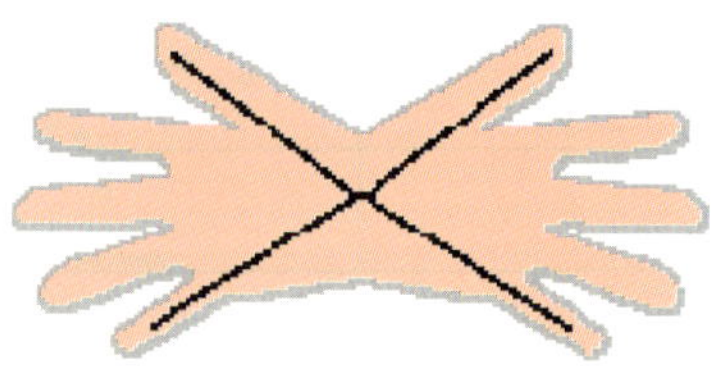

$$10 = \mathrm{X}$$

9는 10보다 1작은 수이므로

$$9 = \mathrm{IX}$$

이 되고, 11부터 14는 다음과 같이 되었다.

$$11 = \mathrm{XI},\ 12 = \mathrm{XII},\ 13 = \mathrm{XIII},\ 14 = \mathrm{XIV}$$

예를 들어, 29를 로마 숫자로 나타내면, 29 = 10 + 10 + 9이니까

$$\mathrm{XXIX}$$

이 된다.

로마사람들에게는 끊임없이 새로운 기호가 필요했다. 예를 들어 40을 나타내려면 50을 나타내는 기호가 필요하고, 90을 나타내려면 100을 나타내는 기호가 필요했다. 예를 들어 50은 다음과 같이 나타냈다.

$$\mathrm{L}$$

또한 100은 다음과 같이 나타냈다.

$$\mathrm{C}$$

마찬가지로 500과 1000은 다음과 같이 나타냈다.

$$500 = D$$
$$1000 = M$$

5000 이상의 수는 다음과 같이 나타냈다.

$$\overline{V} = 5,000 \qquad \overline{X} = 10,000 \qquad \overline{L} = 50,000$$
$$\overline{C} = 100,000 \qquad \overline{D} = 500,000 \qquad \overline{M} = 1,000,000$$

예를 들어 924587과 같은 큰 수는 로마 수로 다음과 같이 표기되었다.

$$\mathbf{\overline{CMXXIV}DLXXXVII}$$

활동수업

1) 로마숫자가 사용되는 또 다른 예를 생활 속에서 찾아보자.

수학서술수업

1) 5694를 로마수로 나타내라.

2) CDLXXIV를 우리가 현재 사용하는 수로 나타내라.

영재 페이지

1) 곱셈구구 이야기

곱셈구구를 5단까지만 외우면 모든 구구단에 대한 결과를 알 수 있다. 예를 들어, 7×8을 5단까지의 구구단을 이용해 계산해 보자. 다음과 같이 하면 된다. 우선 두 수에서 5를 뺀 수를 써 보자.

$$3 \quad 2$$

이 두 수를 더한 5가 바로 7×8의 십의 자리수이다. 다음 일의 자리수는 5에서 위의 두 수를 뺀 수를 보자.

$$2 \quad 3$$

이 두 수를 곱한 6이 바로 7×8의 일의 자리수이다.

왜 그런지 알아보자.

$A \times B$에서 A, B가 모두 5보다 크고 9 이하인 자연수라고 해보자. 따라서

$$A = 5 + a$$

$$B = 5 + b$$

라고 쓸 수 있다. 그러므로

$$A \times B = (5 + a) \times (5 + b)$$

가 되고, 분배법칙을 사용하면

$$(5+a)\times(5+b)=25+5\times a+5\times b+a\times b$$
$$=10\times(a+b)+25-5\times a-5\times b+a\times b$$
$$=10\times(a+b)+(5-a)\times(5-b)$$

가 된다. 그러므로 십의 자리수는 $a+b$가 되고, 일의 자리수는 $(5-a)$와 $(5-b)$의 곱이 된다.

5 고대 마야숫자

고대 마야인들도 고유의 숫자를 가지고 있었다. 그들이 언제 이 숫자를 만들었는지는 알려져 있지 않다. 이들은 20진법을 사용했고 이들 역시 빈 자리를 나타내기 위해 0을 나타내는 기호를 만들었다. 0을 나타내는 기호는 다음과 같다.

이들은 1을 나타내는 기호인 점(●)과 5를 나타내는 기호인 막대기(ㅡ)를 사용해서 0부터 19까지의 수를 나타냈다. 예를 들어 8은 5+3이므로 5를 나타내는 기호 하나를 쓰고 그 위에 1을 나타내는 기호 3개를 써서 다음과 같이 나타낸다.

20 이상의 수를 나타낼 때는 20의 자리와 일의 자리를 알면 된다. 예를 들어, 20은 20+0이므로 20의 자리 수는 1이고 일의 자리 수는 0이다. 그러므로 높은 자리수를 위에 쓰면 다음과 같이 20을 나타낼 수 있다.

같은 방법으로 28은 20+8 이므로 20의 자리수는 1이고 일의 자리수는 8이다. 그러므로 다음과 같이 나타낼 수 있다.

마야숫자로 0부터 29까지의 수를 나타내면 다음과 같다.

0	1 ●	2 ●●	3 ●●●	4 ●●●●
5 ▬	6 ● ▬	7 ●● ▬	8 ●●● ▬	9 ●●●● ▬

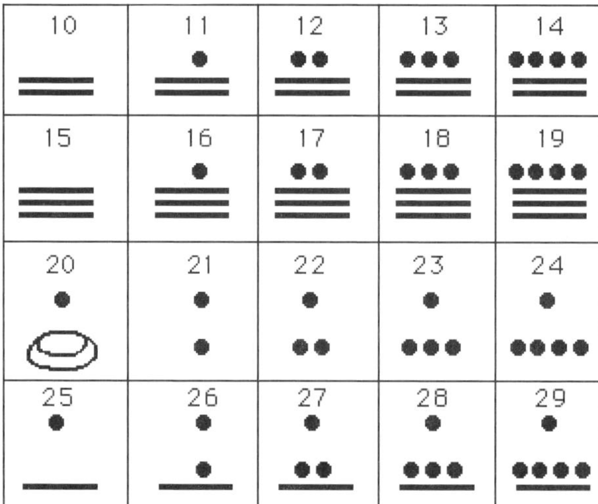

Mayan positional number system

좀 더 큰 수를 마야의 수체계로 나타내 보자.

예를 들어 $100 = 5 \times 20 + 0$이므로 20의 자리 수는 5이고 일의 자리 수는 0이 된다. 그러므로 100은 마야숫자로 다음과 같이 나타낼 수 있다.

이번에는 좀 더 큰 수를 보자. 1377을 보자. 우선 $20^2 = 400$이므로 1377은 20진법으로 전개하면

$$1377 = 3 \times 20^2 + 8 \times 20 + 17$$

이다. 그러므로 20^2의 자리 수는 3이고 20의 자리 수는 8이고 일의 자리

수는 17이므로 1377을 마야숫자로 나타내면 다음과 같다.

마야인들의 20진법 수의 개념은 오늘 날 프랑스에서 수를 나타내는 단어에서도 나타난다. 영어에서 99는 90을 나타내는 ninety와 9를 나타내는 nine이 붙은 ninety nine이지만 프랑스에서 99를 나타내는 말은 quatre-vingt dix-neuf라고 읽는데 이것은 '4개의 20과 19의 합'이라는 뜻이다.

활동수업

1) 마야문명에 대해 조사해 보자.

수학서술수업

1) 71을 마야숫자로 나타내라.

2) 마야숫자로 나타내어진 다음 수를 인도-아라비아 숫자로 바꿔 나타내라.

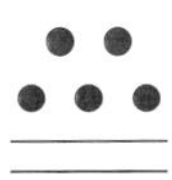

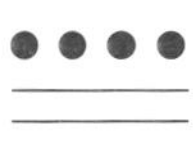

02 수를 사랑한 피타고라스

1 피타고라스, 모든 것을 수로 생각하다.

숫자의 아버지로 알려진 피타고라스(Pythagoras : 570 BC~495 BC)는 사모스 섬이라 부르는 아름다운 섬에서 태어났다. 피타고라스가 정확히 언제 태어났고 언제 죽었는지는 알려져 있지 않지만 대략 기원전 570년 전후로 추정된다. 피타고라스가 태어난 시기에 그리스는 수많은 식민지를 거느리고 있었다. 사모스 섬 역시 그리스의 식민지 중 하나이다. 이것이 피타고라스를 그리스의 철학자이자 수학자로 이르는 이유이다. 에게 해에 있는 사모스 섬은 무역이 번창하고 학문과 문화가 발달한 항구도시이다.

피타고라스의 아버지는 상인이었다. 어릴 때부터 수학에 천부적인 소질을 보였던 피타고라스는 탈레스로부터 수학과 천문학을 배웠고 20살이 되던 해에는 이집트의 멤피스로 가서 수학과 철학과 천문학에 심취

했다. 이 당시 피타고라스는 $\frac{1}{2}$처럼 분자가 1인 단위분수에 큰 관심을 보였다.

피타고라스는 수학을 가르치기 위해 다시 고향 사모스로 돌아왔지만 별로 유명하지 않았던 피타고라스에게 수학을 배우려는 사람이 없자 그는 길거리의 거지 아이에게 자신의 돈을 주면서 자신에게 수학을 배우게 했다. 더 이상 거지 아이에게 줄 돈이 없어 더 이상은 수업을 할 수 없게 되자 거지 아이는 피타고라스에게 수업료를 내고 수학을 배웠다. 이것이 피타고라스가 수업료를 받고 가르친 최초의 수학 수업이다.

▶ 피타고라스 동상

사모스에서 수학을 가르치는 것이 여의치 않자 피타고라스는 이탈리아의 크로톤으로 가서 기원전 529년 학교를 세웠다. 크로톤은 비록 이탈리아 땅에 있지만 그리스의 식민지이다.

피타고라스의 학교에는 그를 추종하는 사람들이 모여들어 피타고라스학파가 만들어졌다. 피타고라스학파에서 발견된 것은 모두 피타고라스의 이름으로 일컬어지고, 발견된 내용을 학파 사람들이 아닌 다른 사람들에게 알리는 것을 엄격히 금지되었다.

기초를 강조했던 피타고라스는 모여든 추종자들에게 처음부터 수학을 가르쳐 주지 않고 마음을 깨끗이 하는 법과 철학을 가르쳤다. 피타고라스는 수학이 인간과 신을 연결하는 학문이기 때문에 몸과 마음을 깨끗이 하고 사치스럽게 살지 않는 등 올바른 철학정신을 지니지 않고 섣불리 수학을 공부하면 미쳐 버릴 수 있다고 경고했다.

제자들이 피타고라스에게 수학을 배우기 위해서는 오랜 시간동안 경건한 마음으로 금욕생활을 해야 했다. 충분한 경지에 오르게 된 제자는 염원하던 수학을 배울 수 있게 되는데 이들을 마테마테코이라고 불렀다. 이것은 '수학을 공부하는 학생'이라는 뜻이다.

당시 사람들이 왜 피타고라스에게 수학을 배우려고 했는지 알려주는 재미있는 일화가 있다. 어느 날 피타고라스는 똑같은 크기의 빵 9개를 두고 10명의 사람들이 다투는 모습을 보았다. 각자 하나씩 빵을 가지면 한 사람이 빵을 먹지 못하기 때문이었다. 피타고라스는 빵 아홉 개의 무게를 잰 다음 전체의 10분의 1씩 되도록 빵을 잘라서 열 명의 사람들에게 나누어 주었다. 사람들은 똑같은 양의 빵을 먹을 수 있게 되었고 피타고라스의 지혜에 감탄을 했다. 이때부터 많은 사람들이 피타고라스로부터 수학을 배우기 위해 피타고라스의 학교로 몰려들었다고 한다.

피타고라스는 만물의 근원을 '수'로 보았다. 피타고라스는 수로부터 모든 모습과 생각이 나오고 선과 악도 수로 묘사 될 수 있다고 믿었다. 당시에는 0이 없었기 때문에 피타고라스는 1부터 시작되는 자연수와 자연수의 비로 주어지는 분수를 주로 연구했다. 피타고라스는 자연수와 분수로 이 세상 모든 것을 나타낼 수 있다고 믿었다. 또한 자연수를 홀수와 짝수로 처음 분류한 것도 피타고라스이다. 그는 짝수는 2로 나누어떨어지는 수로 홀수는 그렇지 않는 수로 나타냈다.

피타고라스는 각각의 수에 개별적인 의미를 부여했다. 모든 수는 1을 더하여 만들 수 있으므로 1은 수의 근원이며 이성을 상징하는 것으로 생각했다. 첫 번째 짝수 2는 여성을 상징하고 3은 남성을 상징하면서 동시에 1과 2의 합이므로 조화의 수로 여겼다. 4는 정의를 상징하고 5는 2와 3의 합이므로 결혼을 상징한다고 생각했다. 6은 1과 2와 3을 더한 수인데 피타고라스는 이것이 창조를 상징한다고 여겼다. 피타고라스가 생각한 가장 신성한 수는 10이다. 10은 1과 2와 3과 4의 합이다.

피타고라스는 수와 도형과의 관계를 매우 중요하게 여겼다. 예를 들어 다음 수들을 보자.

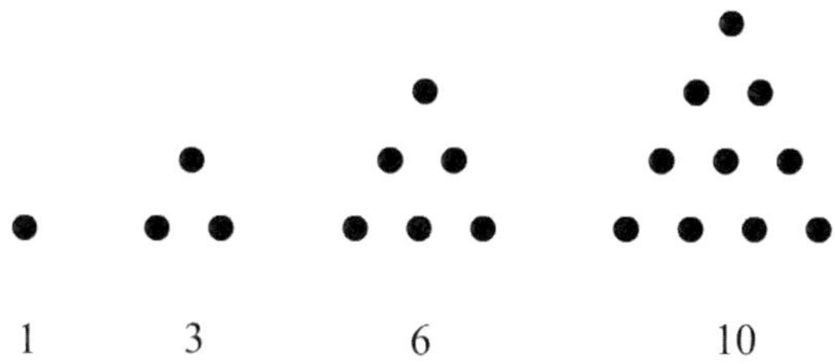

이 수들은 삼각형 모양을 만들 때 사용되는 점의 개수인데 피타고라스는 이 수들을 삼각수라고 불렀다. 즉 처음 네 개의 삼각수는 1, 3, 6, 10이다. 피타고라스는 다음과 같은 모양으로 주어지는 사각수에 대해서도 연구했다.

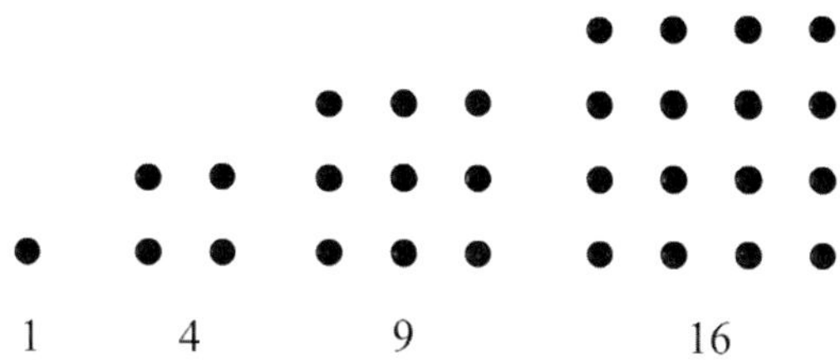

처음 네 개의 사각수는 1, 4, 9, 16로 항상 제곱수이다. 예를 들어, $16=4\times4$로 표현되는 데 이렇게 같은 수 두 개를 곱한 것을 4^2이라고 쓰고 '4의 제곱'이라고 읽는다.

피타고라스는 두 도형수 사이의 관계를 알아냈다. 예를 들어 첫 번째 삼각수와 두 번째 삼각수를 더하면 4가 되는 데 이것은 사각수이다. 마찬가지로 두 번째 삼각수와 세 번째 삼각수를 더하면 9가 되는 데 이것 역시 사각수이다. 즉 피타고라스는 이웃하는 두 삼각수를 더하면 반드시 사각수가 나타난다는 사실을 알아냈다.

피타고라스는 삼각수와 사각수를 일반화하여 오각형을 만드는 데 사용되는 점의 개수를 나타내는 수를 오각수, 육각형을 만드는 데 사용되는 점의 개수를 나타내는 수를 육각수 등을 정의하여 모든 도형이 그에 대응되는 수와 관련 있음을 알아냈다. 삼각수, 사각수, 오각수 등과 같이 도형과 관련된 수를 통칭하고 도형수라고 부른다.

수학서술수업

1) 다섯 번째 삼각수를 구하라.

2) 여섯 번째 사각수를 구하라.

교과 연계 내용

1) 짝수와 홀수의 덧셈

홀수와 짝수의 덧셈에 대해서는 다음과 같은 성질이 있다.

(홀수) + (홀수) ⇒ (짝수)

(홀수) + (짝수) ⇒ (홀수)

(짝수) + (짝수) ⇒ (짝수)

예를 들어 $3+7=10$이다. 3과 7은 모두 홀수이지만 두 홀수의 합은 짝수인 10이다.

또 다른 예를 들어보자. $3+10=13$이다. 3은 홀수이고 10은 짝수인데 두 수의 합인 13은 홀수이다.

2) 짝수와 홀수의 곱셈

짝수와 홀수의 곱셈에 대해서는 다음과 같은 성질이 있다.

$$(\text{홀수}) \times (\text{홀수}) \Rightarrow (\text{홀수})$$
$$(\text{홀수}) \times (\text{짝수}) \Rightarrow (\text{짝수})$$
$$(\text{짝수}) \times (\text{짝수}) \Rightarrow (\text{짝수})$$

예를 들어 $3\times5=15$이다. 3과 5가 모두 홀수이니까 두수의 곱도 홀수인 15가 된다.

또 다른 예를 들어 보자. $11\times4=44$이다. 11은 홀수이고 4는 짝수이지만 두 수의 곱은 44가 되어 짝수가 된다. 이 사실로부터 홀수의 제곱은 항상 홀수가 되고 짝수의 제곱은 항상 짝수가 된다는 것을 쉽게 알 수 있다.

3) 연속된 두 수의 곱

연속된 두 자연수의 곱은 항상 짝수이다. 자연수는 1씩 커지므로 연속된 자연수 중에서 큰 수는 적은 수보다 1 큰 수가 된다. 예를 들어 2×3은 2와 3이 연속된 자연수이므로 연속된 자연수의 곱이다. 그 결과는 6이 되어 짝수이다. 이렇게 연속된 자연수의 경우 하나의 수가 홀수이면 다른 하나의 수는 짝수이므로 그 곱은 항상 짝수와 홀수의 곱이 되어 짝수가 된다. 2×3의 경우 2는 짝수이고 3은 홀수이다.

4) 삼각수의 규칙

삼각수에는 다음과 같은 규칙이 있다.

$$3 = 1 + 2$$

$$6 = 1 + 2 + 3$$

$$10 = 1 + 2 + 3 + 4$$

그러므로 n번째 삼각수는

$$1 + 2 + 3 + \cdots + n$$

로 나타낼 수 있다.

5) 사각수의 규칙

사각수에는 다음과 같은 재미있는 성질이 있다

$$1 = 1^2$$

$$1 + 3 = 2^2$$

$$1 + 3 + 5 = 3^2$$

$$1 + 3 + 5 + 7 = 4^2$$

$$1 + 3 + 5 + 7 + 9 = 5^2$$

즉, 홀수들을 차례로 더하면 항상 사각수가 된다.

2 완전수와 피타고라스 수의 발견

수를 중요시 여겼던 피타고라스는 재미있는 규칙을 만족하는 수들을 끊임없이 찾아내 그런 수들의 공통의 성질을 찾는데 심혈을 기울였다. 그렇게 찾아낸 수 중 대표적인 것이 완전수와 피타고라스 수이다.

완전수를 이해하기 위해서는 약수에 대해 조금 이해할 필요가 있다. 약수는 어떤 수를 나누어떨어지게 하는 수를 말한다. 예를 들어 2는 6을 나누어떨어지게 하는 수이므로 약수이다. 6의 약수를 모두 쓰면 1, 2, 3, 6이다. 여기서 자기 자신인 6을 제외한 약수를 진약수라고 한다. 즉, 6의 진약수는 1, 2, 3이다.

6의 진약수를 모두 더하면 6이 되어 원래의 수가 된다. 피타고라스는 진약수의 합이 그 수와 같은 수를 완전수라고 불렀다. 즉, 6은 가장 작은 완전수이다. 완전수가 아닌 수는 진약수의 합이 그 수와 같지 않은 데 그런 수는 두 종류가 생긴다. 예를 들어, 8의 진약수는 1, 2, 4이고 진약수의 합은 8보다 작으므로 8은 완전수가 아니다. 피타고라스는 진약수의 합이 원래의 수보다 작은 수를 부족수라고 불렀다. 또 다른 예를 들어보자. 12의 진약수는 1, 2, 3, 4, 6이고 진약수의 합은 12보다 크다. 피타고라스는 진약수의 합이 원래의 수보다 큰 수를 과잉수라고 불렀다. 그러므로 피타고라스는 자연수를 홀수와 짝수로 분류할 수 있을 뿐 아니라 완전수, 부족수, 과잉수로 분류할 수 있음을 알아냈다.

이 중에서 제일 흥미로운 수는 완전수이다. 현재까지 발견된 완전수는 모두 짝수이다. 하지만 그 이유는 아직까지 밝혀지지 않았다. 여섯 개의 완전수를 작은 수부터 차례로 써보면 6, 28, 496, 8128, 33550336, 8589869056이다.

피타고라스는 또한 우애수를 발견했다. 220의 진약수는 1, 2, 4, 5, 10, 11, 20, 22, 44, 55, 110이고, 284의 진약수는 1, 2, 4, 71, 142이 되는 데 220의 진약수의 합은 구해보면 284가 되고 284의 진약수의 합은 220이 된다. 이렇게 어떤 수 A의 진약수의 합이 B와 같고 B의 진약수의 합이 A와 같을 때 A와 B를 우애수라고 부른다. 또 다른 우애수로는 1184과 1210, 17296과 18416, 9363584과 9437056이다.

피타고라스는 또한 그의 이름을 가장 위대하게 만든 피타고라스 정리를 만들었다. 이것은 직각삼각형에서 빗변의 길이의 제곱은 다른 두 변의 길이의 제곱의 합과 같음을 말한다. 사실 피타고라스 정리는 피타고라스가 발견하기 훨씬 전에 고대 바빌로니아나 이집트 사람들도 어렴풋이 알고 있었다. 이집트 사람들은 세 변의 길이가 3, 4, 5 일 때 직각 삼각형이 된다는 것을 알고 있었다. 즉 이 세 수는 $5^2=3^2+4^2$을 만족한다. 바빌로니아 사람들도 세 변의 길이가 5, 12, 13 일 때 직각 삼각형이 된다는 것을 알고 있었다. 즉 이 세 수 역시 $13^2=5^2+12^2$을 만족한다. 하지만 임의의 직각 삼각형에 대해서는 피타고라스가 최초로 발견했다.

피타고라스 정리는 기하학에서 아주 중요한 역할을 한다. 예를 들어 평면에서 두 점사이의 거리 공식, 삼각함수, 원과 타원의 방정식 등을 만드는 데 피타고라스 정리는 결정적인 역할을 한다. 피타고라스 정리는 당시 도로나 건물을 지을 때도 두루 사용되었다.

수에 관심이 많았던 피타고라스는 피타고라스 정리를 만족하는 세 자연수를 피타고라스 수라고 불렀다. 그렇다면 어떤 수들이 피타고라스 수가 될까? 우선 3, 4, 5는 피타고라스 수이다. 이 수 각각에 2배를 하면 6, 8, 10 이 되는 데 이것 역시 피타고라스 수가 된다. 일반적으로 어 떤 세 수가 피타고라스 수일 때 세 수에 똑같은 수를 곱한 수들도 피타고라스 수가 되므로 피타고라스 수는 무한히 많이 만들 수 있다.

수학서술수업

1) 28이 완전수임을 보여라.

답 28의 진약수는 1, 2, 4, 7, 14이고 1+2+4+7+14=28이다.

2) 496이 완전수임을 보여라.

답 496는 진약수들의 합이다.
496=1+2+4+8+16+31+62+124+248이다.

3) 1184과 1210이 우애수임을 보여라.

4) 완전수는 항상 연속되는 자연수의 합으로 표현됨을 보여라.

답 6 = 1+2+3
28 = 1+2+3+4+5+6+7
496 = 1+2+3+4+5+6+7+8+9+ ··· +30+31
8128 = 1+2+3+4+5+6+7+8+ ··· +126+127

5) 15, 20, 25는 피타고라스 수임을 보여라.

교과 연계 내용

1) 완전수 6의 재미난 성질

6은 재미있는 성질이 많다. 다음과 같은 것들이다.

$$6 = 1 + 2 + 3$$

$$6 = 1 \times 2 \times 3$$

$$1^3 + 2^3 + 3^3 = 6^2$$

$$3^3 + 4^3 + 5^3 = 6^3$$

2) 완전수의 성질

(성질 1) 6보다 큰 완전수의 각 자릿수의 합을 9로 나눈 나머지는 1이다. 실제로 각 자릿수를 더하면 다음과 같다.

$$2 + 8 = 10$$

$$4 + 9 + 6 = 19$$

$$8 + 1 + 2 + 8 = 19$$

$$3 + 3 + 5 + 5 + 0 + 3 + 3 + 6 = 28$$

$$8 + 5 + 8 + 9 + 8 + 6 + 9 + 0 + 5 + 6 = 64$$

여기서 10, 19, 28, 64를 9로 나눈 나머지는 1이라는 것을 알 수 있다.

(성질 2) 6보다 큰 완전수는 연속된 홀수의 세제곱의 합이다.

몇 개의 완전수에 대해 써보면 다음과 같다.

$$28 = 1^3 + 3^3$$

$$496 = 1^3 + 3^3 + 5^3 + 7^3$$

$$8128 = 1^3 + 3^3 + 5^3 + 7^3 + 9^3 + 11^3 + 13^3 + 15^3$$

3) 피타고라스 정리의 간단한 증명

다음과 같은 직각 이등변 삼각형을 보자.

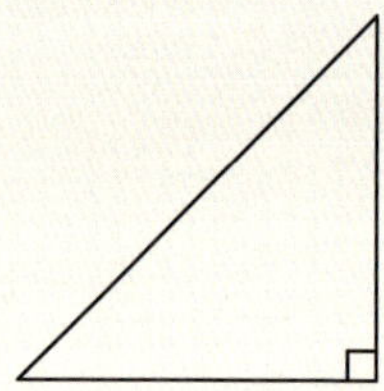

직각 이등변 삼각형이므로 빗변이 아닌 두 변의 길이가 같다.

이제 각 변을 한 변의 길이로 갖는 정사각형을 그려보자.

이때 빗변을 한 변으로 하는 정사각형의 넓이는 직각 삼각형의 넓이의 4배이고, 다른 변을 한 변으로 하는 정사각형의 넓이는 직각 삼각형의 넓이의 두 배 이므로 피타고라스 정리가 성립한다는 것을 알 수 있다.

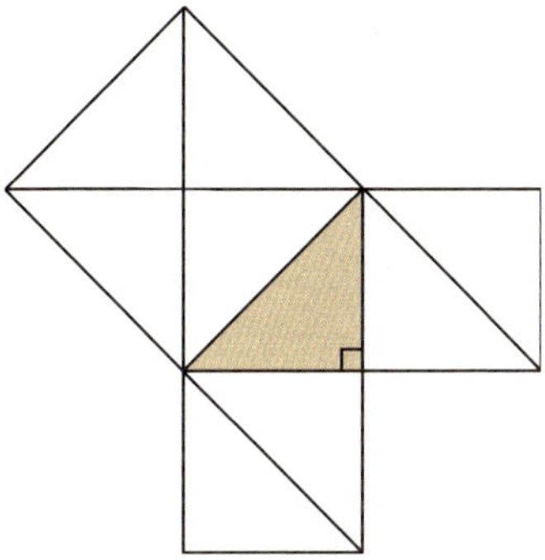

4) 피타고라스 수를 만드는 방법

피타고라스는 홀수들의 합이 어떤 수의 제곱이 된다는 것을 알아냈다. 예를 들면 다음과 같다.

$$1+3+5+7=4^2 \qquad (1)$$

$$1+3+5+7+9=5^2 \qquad (2)$$

(1)을 (2)에 넣고 $9=3^2$을 이용하면 (2)는

$$3^2+4^2=5^2$$

이 된다. 또 다른 예를 보자.

$$1+3+5+\cdots+23=12^2 \qquad (3)$$

$$1+3+5+\cdots+23+25=13^2 \qquad (4)$$

(3)을 (4)에 넣고 $25=5^2$을 이용하면 (4)는

$$5^2 + 12^2 = 13^2$$

이 된다.

또 다른 피타고라스 수를 이 방법으로 만들어 보자.

$$1+3+5+\cdots+47 = 24^2 \qquad (5)$$

$$1+3+5+\cdots+47+49 = 25^2 \qquad (6)$$

(5)를 (6)에 넣고 $49 = 7^2$을 사용하면

$$7^2 + 24^2 = 25^2$$

이 되어, 7, 24, 25라는 새로운 피타고라스 수가 나온다. 이 방법을 이용하여 피타고라스는 다음과 같은 여러 개의 피타고라스 수를 발견했다.

$$9^2 + 40^2 = 41^2$$

$$11^2 + 60^2 = 61^2$$

$$13^2 + 84^2 = 85^2$$

$$15^2 + 112^2 = 113^2$$

$$17^2 + 144^2 = 145^2$$

이 방법을 이용하면 무한히 많은 피타고라스 수를 만들 수 있다.

3 피타고라스, 음악도 수로 해석하다

피타고라스는 영적인 평화를 위해 여러 종교를 체험했다. 특히 그는 오르페우스 교에 심취되었는 데 당시 오르페우스 교는 쇠퇴기를 맞이하고 있었다. 그는 오르페우스 교의 영혼불멸과 윤회사상을 믿었고 이러한 사상은 피타고라스 학파의 정신에도 스며들었다.

피타고라스는 시와 음악이 불멸의 영혼을 치유할 수 있다고 믿었고, 시와 음악은 모두 수로 나타낼 수 있다고 믿었다. 그리고 그는 피타고라스의 음계로 알려진 최초의 음계를 자연수의 비율에 의해 만드는 데 성공했다.

자연수를 사랑했던 피타고라스는 자연수의 비로 주어지는 수인 분수에도 관심이 많았다. 그는 자연수의 비로 주어지는 분수를 이용하여 현악기의 음계를 만들었다. 피타고라스가 만든 음계의 이름은 도레미파솔라시로 불리는 데 두 줄의 길이가 자연수의 비가 될 때 두 줄 사이에 아름다운 화음이 만들어진다고 생각했다.

피타고라스는 현악기에서 줄의 길이의 비가 $1 : \frac{2}{3} : \frac{1}{2}$이 될 때 세 음이 가장 잘 어울린다는 것을 알아냈다. 그

현으로 실험

리고 이 세 수의 나열인 1, $\frac{2}{3}$, $\frac{1}{2}$을 조화수열이라고 이름 붙였다.

1, $\frac{2}{3}$, $\frac{1}{2}$의 역수를 취하면 1, $\frac{3}{2}$, 2가 되는 데 이 세 수의 비를 구하면 $1:\frac{3}{2}:2=2:3:4$이 되어 자연수의 비가 된다는 것을 알 수 있다.

현악기는 줄을 퉁겼을 때 만들어지는 공기의 진동을 일으켜 소리를 만드는 데 줄의 길이에 따라 다른 음들이 나온다. 길이가 짧은 줄을 퉁기면 높은 음이 나오고 길이가 긴 줄을 퉁기면 낮은 음이 나온다.

피타고라스는 도음을 만드는 줄의 길이를 1이라고 할 때 이 줄의 길이를 $\frac{2}{3}$로 해주면 도음보다 5도 높은 솔음이 나오며 이렇게 5도 차이가 나는 도음과 솔음은 아주 조화를 잘 이룬다고 생각했다. 또 줄의 길이를 $\frac{1}{2}$로 하면 도음보다 8도 높은 높은 도음이 나오는 데 이것도 역시 도음과 조화를 이루는 음이다.

피타고라스의 방법으로 다른 음이 나오는 과정을 살펴보자. 솔음보다 5도 높은 음은 높은 레음이다. 솔음을 만들 때는 줄의 길이가 $\frac{2}{3}$이므로 줄의 길이가 이것의 다시 $\frac{2}{3}$배가 되면 높은 레음이 된다. 그러므로 높은 레음을 만드는 줄의 길이는 $\frac{2}{3}\times\frac{2}{3}=\frac{4}{9}$이다. 높은 레음은 레음보다 팔도 높으므로 레음의 줄의 길이는 높은 레음의 줄의 길이의 두 배가 된다. 그러므로 레음의 줄의 길이는 $\frac{8}{9}$가 된다.

피타고라스는 이 방법을 이용하여 모든 음계에 대한 줄의 길이를 계산할 수 있었다. 그 결과를 정리하면 다음과 같다.

음계	바빌로니아수
도	1
레	$\frac{8}{9}$
미	$\frac{64}{81}$
파	$\frac{3}{4}$
솔	$\frac{2}{3}$
라	$\frac{16}{27}$
시	$\frac{128}{243}$
높은 도	$\frac{1}{2}$

피타고라스는 도레미파솔라시로 알려진 칠 음계가 천문학에도 적용될 수 있다고 믿었다. 당시 피타고라스는 지구를 중심으로 달, 태양, 수성, 금성, 화성, 목성, 토성의 일곱 천체가 돌고 있다고 믿고 있었는데

이들의 운동은 칠 음계로 설명할 수 있으며 지구로부터 일곱 개의 천체까지의 거리의 비 역시 조화수열로 나타낼 수 있다는 사실을 알아냈다. 그의 이런 생각은 훗날 천문학자 케플러가 태양 주위를 도는 행성의 운동이 조화로운 음악에 비유될 수 있다는 생각에 영향을 준다. 하지만 피타고라스는 지구 중심의 우주 모형을 믿었기 때문에 천체의 운동과 음계와의 관계에 대한 그의 이론은 대부분 사실과 다르다는 것이 훗날 밝혀졌다.

활동수업

1) 실제로 똑같은 줄을 피타고라스의 음계의 길이로 잘라서 도레미파솔라시도를 만들어 보자.

수학서술수업

1) 도음의 줄의 길이를 1이라고 할 때 미음의 줄의 길이는 $\frac{64}{81}$이 됨을 보여라.

답 라음에서 8도를 낮추면 낮은 라음이 되므로 낮은 라음의 줄의 길이는 라음의 줄의 길이의 두 배이다. 그러므로 낮은 라음의 줄의 길이는 $2\times\frac{16}{27}=\frac{32}{27}$이다. 낮은 라음에서 5도를 높이면 미음이므로 미음은 낮은 라음의 줄의 길이의 $\frac{2}{3}$배이다. 그러므로 미음의 줄의 길이는

$$\frac{32}{27}\times\frac{2}{3}=\frac{64}{81}$$

이다.

2) 도음의 줄의 길이를 1이라고 할 때 시음의 줄의 길이는 $\frac{128}{243}$임을 보여라.

답 미음에서 5도 높이면 시음이 나오므로 시음의 줄의 길이는 미음의 줄의 길이의 $\frac{2}{3}$배이다. 그러므로 시음의 줄의 길이는 $\frac{64}{81}\times\frac{2}{3}=\frac{128}{243}$이 된다.

교과 연계 내용

1) 수열

수들이 일정한 규칙을 따라 배열된 것을 수열이라고 부른다.

다음 수열을 보자.

$$1, 3, 5, 7, 9$$

이 수 들은 앞의 수보다 2 큰 수가 그 다음에 있으므로 일정한 규칙을 갖는다. 그러므로 수열을 이루는 데 앞 수와 그 다음 수 사이의 차가 2로 일정하다. 이렇게 차가 일정한 수열을 등차수열이라고 부른다.

다음 수열을 보자.

$$1, 2, 4, 8, 16$$

이 수들은 앞의 수의 2배가 그 다음에 놓이므로 일정한 규칙을 갖는다. 그러므로 수열이다. 이 수열에서는 앞의 수에 대한 뒤의 수의 비가 2로 일정하다. 이렇게 비가 일정한 수열을 등비수열이라고 부른다.

다음 수열을 보자.

$$1,\ \frac{1}{2},\ \frac{1}{3},\ \frac{1}{4},\ \frac{1}{5}$$

각각의 수의 역수를 취하면

$$1,\ 2,\ 3,\ 4,\ 5$$

가 되어 역수가 차이가 1로 일정한 등차수열을 이룬다. 이렇게 역수가 차이가 일정한 등차수열을 이루는 수열을 조화수열이라고 부른다.

2) 파음을 내는 줄의 길이

파음은 높은 도음보다 5도 아래다. 그러므로 파음을 내는 줄의 길이를 x라고 하면 $x\times\frac{2}{3}$가 바로 높은 도음을 내는 줄의 길이인 $\frac{1}{2}$이다.

그러므로

$$x\times\frac{2}{3}=\frac{1}{2}$$

에서 x를 구하면 $x=\frac{3}{4}$가 된다. 즉, 파음을 내는 줄의 길이는 $\frac{3}{4}$이다.

이번에는 라음을 내는 줄의 길이를 계산해보자. 레음에서 5도 높이면 라음이 만들어진다. 그러므로 라음의 줄의 길이는 레음의 줄의 길이의 $\frac{2}{3}$ 배이다. 그러므로 라음의 줄의 길이는

$$\frac{8}{9}\times\frac{2}{3}=\frac{16}{27}$$

이다.

03 0과 음의 정수의 발견

1 인도 아라비아 숫자

우리가 지금 사용하는 숫자는 인도 아라비아 숫자이다. 인도 아라비아 숫자체계에서는 0, 1, 2, 3, 4, 5, 6, 7, 8, 9의 열 개의 숫자만으로 모든 수를 나타낼 수 있다. 인도 아라비아 숫자는 흔히 아라비아 숫자라고도 불리는 데 사실 이 숫자를 처음 만든 것은 아라비아 사람이 아니라 인도사람들이다. 이 숫자들이 아라비아 숫자로 불리는 것은 아라비아 사람들에 의해 유럽에 소개되었기 때문이다.

인도의 숫자체계가 처음부터 십진법을 사용한 것은 아니었다. 서기 1세기 경 인도 숫자는 1부터 9까지의 수를 다음과 같이 나타냈다.

1	2	3	4	5	6	7	8	9
−	=	≡	+	h	ϕ	ʔ	ς	ɂ
Brahmi numerals around 1st century A.D.								

이 당시 인도 사람들은 십진법을 사용하지 않았기 때문에 그리스 로마의 숫자체계처럼 10, 20, …이나 100, 200, … 등을 나타내는 새로운 기호를 사용했다. 하지만 구체적으로 어떤 기호를 사용했는지는 자료가 남아있지 않다.

인도 숫자는 4세기 초 굽타 왕조시대에는 다음과 같은 모습의 굽타 숫자로 변화되었다. 굽타 왕조 때의 인도 숫자는 그들이 정복한 여러 나라에 전파되었다.

Gupta numerals around 4th century A.D.

6세기 무렵 인도에서는 0이 만들어지면서 십진법이 자리를 잡게 되었다. 그리고 11세기 초에 인도 숫자는 다음과 같은 모양의 데바나가리 숫자로 바뀌었다.

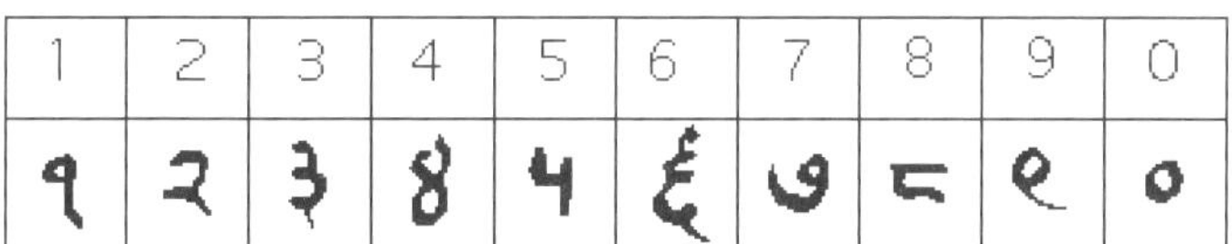

Nagari numerals around 11th century A.D.

십진법에 의한 인도의 숫자체계는 0부터 9까지의 열 개의 숫자만으로 모든 수를 표시할 수 있다는 점과 수의 대소를 쉽게 비교할 수 있다는 점과 덧셈 뺄셈 곱셈 나눗셈 등을 쉽게 계산할 수 있다는 점에서 그리스나 로마의 숫자체계보다 훨씬 편리했다.

상업이 발달했던 아라비아에서는 셈을 정확하게 하는 것이 중요했는데 이들은 주로 그리스의 숫자체계를 사용하고 있었다. 하지만 인도 숫자가 건너오자 아라비아 사람들은 그 동안 사용해오던 그리스 숫자체계를 버리고 인도 숫자 체계를 채택했다. 그리고 이들이 이 숫자체계를 유럽의 여러 나라에 소개하기 시작했다. 그로인해 유럽 사람들은 이 숫자체계를 아라비아 사람들이 처음 만든 것으로 알게 된 것이다.

인도 사람들은 십진법 체계를 이용하여 창살곱셈법이라고 부르는 두 수의 곱셈을 계산하는 독특한 방법을 알아냈다. 예를 들어 56×42를 보자. 먼저 두 수를 다음과 같이 창틀에 쓴다.

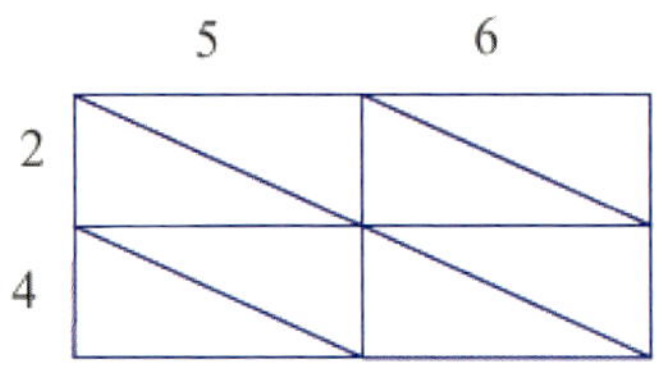

이때 왼쪽에 쓰는 숫자는 십의 자리수가 아래에 오게 쓴다. 그리고 왼쪽의 수와 위의 수와의 곱을 창살 안에 써주면 다음과 같다.

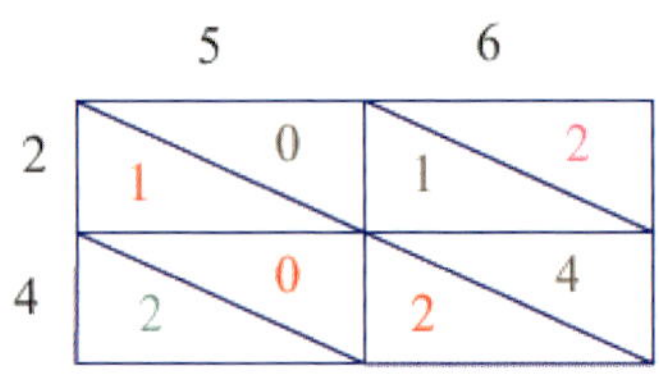

이 때, 맨 아래 녹색의 수들의 합이 천의 자리수인 2가 되고 그 위의 붉은 색 수의 합인 3이 백의 자리 수, 그 위의 밤색 수의 합인 5가 십의 자리 수, 맨 위의 분홍색 수의 합인 2가 일의 자리수가 된다. 그러므로 $56 \times 42 = 2352$가 된다.

활동수업

1) 인터넷으로 굽타왕조에 대해 조사하자.

2) 자신의 나이를 데바나가리 숫자로 써보자.

수학서술수업

1) 인도의 창살곱셈법으로 21×14를 계산하라.

2 영의 발견

0은 아무것도 없음을 나타내는 수이다. 예를 들어, 내가 0개의 빵을 먹었다면 나는 빵을 전혀 먹지 않았음을 의미한다. 빵이 한 개가 있었는데 빵 한 개를 먹으면 남은 빵의 개수는 몇 개일까? 물론 빵은 하나도 남아있지 않다. 이것을 뺄셈식으로 쓰면 $1 - 1 = 0$이라고 한다. 즉, 0은 1에서 1을 뺀 수이고 다시 말하면 1보다 1만큼 작은 수이다.

그렇다면 0은 누가 발견했을까? 역사에 의하면 0을 처음 사용한 사람들은 바빌로니아 사람들이다. 앞에서도 언급했듯이 바빌로니아 사람들은 60진법을 사용하고 있었는데 빈자리를 나타내기 위해 0을 나타내는 기호를 사용했다. 바빌로니아 사람들이 사용한 0의 기호는 다음과 같다.

바빌로니아 숫자로 표시된 다음과 같은 두 수를 보자.

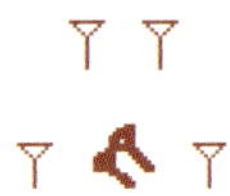

위에 있는 수는 60의 자리가 1이고 일의 자리가 1이므로 우리가 아는 수로 고치면 $60+1=61$이 된다. 아래에 있는 수에는 0을 나타내는 기호가 포함되어 있다. 그러므로 맨 앞의 1(𒁹)은 60^2의 자리를 나타내고 60의 자리 수는 0이고 일의 자리 수는 1이다. 그러므로 이 수를 우리가 아는 수로 고치면 $60^2+1=3601$이 된다. 이렇게 바빌로니아 사람들은 60진법으로 수를 나타낼 때 빈자리를 나타내기 위해 0의 기호를 도입했다.

하지만 우리가 흔히 알고 있는 0이라는 기호는 인도 사람들이 만들었다. 0의 기호를 정확하게 누가 언제 만들었는지는 알려져 있지 않다. 0이 처음 등장하는 책은 550년에 나온 인도의 천문서적인 〈판차 시단디카〉에서 이다.

하지만 0의 성질을 수학적으로 정확하게 묘사한 사람은 인도의 스님인 브라마굽타(Brahmagupta, 598~668)였다. 당시 인도의 스님들은 하늘의 별들이 움직이는 속도와 별까지의 거리를 계산하는 방법을 연구했다. 브라마굽타 역시 우자인이라고 부르는 작은 탑 안에서 평생 동안 별을 연구했다.

▶ 브라마굽타

브라마굽타는 별의 움직임을 좀 더 빨리 계산하기 위해서는 곱셈과 나눗셈을 빠르게 할 수 있는 새로운 수 체계를 만들어야한다는 생각을 가졌다. 그는 기수법에서 단지 빈자리를 나타내기 위해 사용되던 0을 이용해 누구나 빠르게 사칙연산을 계산할 수 있는 수 체계를 만들었다. 그래서 브라마굽타를 0을 발견한 사람이라고 부른다.

브라마굽타가 발명한 수 체계는 빈 자릿수를 0으로 나타내기 때문에 어떤 큰 수도 0부터 9까지의 10개의 숫자만으로 나타낼 수 있었다. 예를 들어 1과 0이라는 숫자로 10을 만들면 1은 십의 자리수가 되어 일의 열 배가 되고 일의 자릿수는 비어 있으므로 0을 나타내 1보다 열 배 큰 수를 나타낼 수 있었다. 여기에 0을 하나 더 쓰면 100이 되고 이때 1은 백의 자리수가 1임을 나타내 1보다 100배 큰 수를 만들 수 있었다.

0을 수로 처음 인식한 브라마굽타는 0과 다른 수들과의 계산에 대한 원칙을 세웠다. 예를 들어 어떤 수에 0을 더하거나 어떤 수에서 0을 빼면 그 수 자신이 된다는 것이다. 또한 그는 어떤 수와 0과의 곱이 0이어야한다는 것을 알아냈다. 하지만 그는 0으로 나누는 문제에 대해 커다란 실수를 저질렀다. 그는 0을 0으로 나눈 값이 0이 된다고 주장했는데 이것은 옳지 않다는 것이 훗날 인도의 수학자 바스카라에 의해 밝혀졌다.

수 세기가 지난 후 12세기 인도 최고의 수학자인 바스카라는 어떤 수를 0으로 나누는 문제에 대해 브라마굽타의 생각과 달랐다. 그는 어떤 수를 0으로 나누면 우리가 상상할 수 없는 아주 큰 수가 될 거라고 생각했다. 바스카라의 이런 생각은 훗날 뉴턴과 라이프니츠의 미분의 발견에 큰 기여를 하게 된다.

바스카라의 저서 중에서 가장 유명한 것은 〈릴라바티〉로 브라마굽타의 수학적인 업적과 자신의 업적을 이 책에 모두 담았다. 이 책의 제목은 그의 딸 이름인데 점성술사인 바스카라는 딸이 자신이 정해준 정확한 시각에 결혼을 해야만 행복하게 살 수 있다고 예언했다. 결혼식 날 그 시각이 되기를 초조하게 기다리던 딸은 물시계를 바라보다가 머리장식에서 진주 한 알이 떨어져 물시계의 물구멍을 막았다. 이 때문에 정확한 결혼 시각을 알 수 없게 된 딸은 평생을 혼자 살게 되었는데 바스카라는 딸의 불행을 위로하기 위해서 자신의 저서의 제목을 딸의 이름으로 붙였다고 한다.

활동수업

1) 인터넷을 이용해 zero라는 단어의 기원에 대해 조사해 보자.

수학서술수업

1) 256을 바빌로니아 수로 나타내라.

2) 다음 바빌로니아 수는 얼마인가?

교과 연계 내용

1) 0으로 나누는 것을 수학에서 금지하는 이유

수학에서는 어떤 수를 0으로 나누는 것을 금지한다. 즉 어떤 수를 0으로 나눈 몫은 정의되지 않는다. 왜 그런지 살펴보자.

0으로 나눌 수 있다고 해보자.

$$2 \times 0 = 0$$

에서 양변을 0으로 나누면 다음과 같다.

$$2 \times 0 \div 0 = 0 \div 0$$

여기에서 $0 \div 0 = 1$이라고 하면

$$2 = 1$$

이 되어 심각한 문제가 발생한다. 그래서 수학에서는 0으로 나누는 것을 금지하고 있다.

1) a와 0과의 곱은 항상 0

왜 어떤 수와 0과의 곱은 항상 0이 되는 지 그 이유를 살펴보자.

$$a \times 0 = 0$$

어떤 수에서 그 수를 빼면 0이 된다. 즉, $0 = b - b$라고 쓸 수 있다. 이것을 $a \times 0$에 넣으면 다음과 같다.

$$a \times 0 = a \times (b - b)$$

오른쪽 식에서 분배법칙을 쓰면

$$a \times 0 = a \times b - a \times b$$

가 되고, 오른쪽 식은 $a \times b$에서 같은 수를 뺀 식이므로 그 결과는 0이다. 그러므로 $a \times 0 = 0$이다.

3 음수의 발견

유럽에서는 우리가 일층이라고 부르는 곳이 0층이고 2층이라고 부르는 곳이 1층이고 지하 일층에는 −1층이라고 쓰여 있는 엘리베이터를 종종 볼 수 있다. 이것은 유럽에서 0을 실제 존재하는 수로 인정하기 때문이다. 0은 물론 1보다 하나 작은 수이다. 그러다 보면 0보다 하나 작은 수는 없을까? 이것이 바로 음수이다. 0보다 하나 작은 수를 -1이라고 쓰고 '마이너스 일'이라고 읽는다. 마찬가지로 -1보다 하나 작은 수는 -2가 되고 '마이너스 이'라고 읽는다. 이렇게 우리는 0보다 작은 수들을 끊임없이 만들 수 있는 데 이렇게 0보다 작은 수를 음수라고 부른다.

음수를 처음 생각한 사람은 인도의 브라마굽타이다. 과거로부터 방정식 $x+1=0$을 만족하는 x의 값은 존재하지 않는다고 알려져 있었다. 하지만 브라마굽타는 만일 x가 0보다 1작은 수이라면 방정식을 만족하는 것이 가능하다는 것을 알아냈고 이렇게 0보다 작은 수를 음수라고 불렀다. 또한, 그는 수를 0보다 큰 양수와 0과 0보다 작은 음수의 세 가지로 나누어 세 종류의 수들 사이의 연산법칙을 알아냈다.

브라마굽타 이후 12세기에 접어들어 이슬람 수학자인 알사마왈은 자신의 책《계산에 관한 빛나는 책》에서 음수의 덧셈과 뺄셈에 내해 다루었다. 하지만 같은 시대의 인도 수학자 바스카라는 음수를 수학에 적합하지 않은 수로 간주했다.

15세기에 접어들어 수학자 슈케와 슈티펠도 음수를 모순적인 수로 분류했다. 16세기 초 카르타노 역시 방정식에서 음수의 해가 나오는 경우는 해가 없는 것으로 간주했다. 17세기 데카르트 역시 아무것도 없는 것보다 작은 수는 존재하지 않으므로 음수는 존재하지 않는다고 설명했다.

18세기에 접어들어 오일러는 자신의 저서《대수학 입문》에서 음수를 빚에 비유하면 수학에 음수를 도입할 수 있다는 아이디어를 냈다. 그는 빚을 갚는 것은 선물을 받는 것과 같으므로 음수를 뺀다는 것은 양수를 더하는 것과 같다는 논리로 음수를 빼는 것에 대한 연산규칙을 만들었다.

수학서술수업

1) $x+2=0$를 만족하는 x를 구하라.

2) $(-2)+3$을 계산하라.

3) $(-1)+(-4)$를 계산하라.

교과 연계 내용

1) 양수와 음수와 영

양수에 대해 알아보죠. 0보다 큰 수를 양수라 하고 양의 부호 (+)를 붙여 나타내요. 예를 들면 다음과 같은 수들이 양수죠.

$$+2,\ +1,\ 3,\ 1.5,\ +0.3$$

앗! 1.5는 앞에 +가 안 붙어 있는 데 왜 양수죠? 양수에서는 +를 빼도 달라지지 않아요. 그러니까 $+3=3$, $+8=8$인 셈이죠.

음수는 뭘까요? 0보다 작은 수를 음수라 하고 음의 부호 (−)를 붙여 나타내죠. 그러니까 다음과 같은 수들이 음수지요.

$$-1,\ -2.3,\ -\frac{1}{2}$$

음수에서는 부호 (−)를 뺄 수 있을까요? 음수에서는 부호를 생략하면 큰 일 나지요.
그렇다면 양수도 음수도 아닌 수가 있을까요? 물론 있어요. 그 수는 바로 양수와 음수의 경계에 있는 수인데 0이라고 부르죠. 다른 수와는 달리 0은 +를 붙이든 −를 붙이든 그 값이 같아요. 즉 $+0=-0=0$이지요. 하지만 다른 수는 그렇지 않잖아요? 예를 들어 1에 +를 붙인 +1과 −를 붙인 −1은 서로 다르니까요.

양수와 음수의 의미를 알아보죠. 용돈출납장을 써보죠. 아빠가 용돈 10000원을 주셨는데 그 날 3000원짜리 책을 샀다고 하죠. 용돈 10000원은 이익이니까 +10000이라고 쓰고 3000원은 지출이니까 −3000이라고 써야 해요. 아하! 번 돈은 양수로 쓴 돈은 음수로 나타내면 되는 군요. 또 다른 예는 어디에 있을까요? 온도계를 보세요. 온도계에는 0도를 나타내는 지점이 있어요. 0도는 물론 물이 어는 온도지요. 0도 보다 온도가 높을 때는 영상이라고 하고 낮을 때는 영하라고 하지요? 그러니까 영상 25도는 +25로 나타내고 영하 5도는 −5로 나타내지요.

2) 정수

정수는 양의 정수와 0과 음의 정수로 이루어져 있어요. 양의 정수는 우리가 알고 있는 자연수에요. 양수는 + 부호를 떼어도 달라지지 않는다고 했지요? 그러니까 양의 정수를 쓰면

$$+1,\ +2,\ +3,\ \cdots$$

가 되는 데 이것은

$$1,\ 2,\ 3,\ \cdots$$

과 같으니까 양의 정수는 자연수와 같지요. 그럼 음의 정수는요? 음의 정수는 자연수에 − 부호를 붙인 수들이에요. 즉 다음과 같지요.

$$-1,\ -2,\ -3,\ \cdots$$

음수는 − 부호를 맘대로 뺄 수 없다는 걸 명심하세요. 정수는 양의 정수, 0, 음의 정수로 되어 있으니까 다음과 같지요.

$$\cdots,\ -3,\ -2,\ -1,\ 0,\ +1,\ +2,\ +3,\ \cdots$$

3) 수의 대소 관계

+1과 +2는 어느 게 더 크죠? +가 붙어 있는 양의 정수는 +부호를 떼어도 달라지지 않는다고 했지요? 그럼 질문은 1과 2 중 어느 게 더 크냐, 이군요. 당연히 2가 더 크지요. 그러니까 +2가 +1보다 커요.

이번에는 음수의 경우를 살펴보죠. −1과 −2는 어느 수가 더 큰가요? 잘 이해가 안 가죠? 음수는 처음 배우니까요. 그렇다면 온도를 가지고 생각해 봐요. 영하 1도는 −1로 나타내죠? 그리고 영하 2도는 −2도로 나타내죠? 영하 1도일 때와 영하 2도 일 때와 언제가 더 따듯하죠? 당연히 영하 1도일 때 더 따듯하죠. 더 따뜻하다는 건 기온이 더 높다는 것이에요. 그러니까 영하 1도가 영하 2도 보다 더 높은 기온을 나타내니까 -1이 -2보다 크죠.

4) 정수의 덧셈

$2+3$은 얼마죠? 당연히 5이죠? 이것을 식으로 쓰면 다음과 같아요.

$$2+3=5$$

가만! 자연수는 양의 정수지요? 그렇다면 $2=+2$이고 $3=+3$이잖아요? 모든 수를 부호를 넣어서 써 봐요.

$$(+2)+(+3)=+5$$

아하! 두 양의 정수의 덧셈이군요. 이때 어떻게 되었나요? 덧셈의 결과를 보세요. 우선 부호부터. 부호는 더하는 두 수의 공통 부호인 $+$가 되었지요? 이번에는 수를 보세요. 더하는 두 수에서 부호를 뗀 두 수의 합인 $2+3=5$가 되었지요?
이것이 바로 부호가 같은 두 정수의 덧셈 규칙이랍니다.
음의 정수들의 덧셈을 알아보죠.

$$(-2)+(-3)$$

이때도 수학자들은 같은 규칙을 적용한답니다. 이 덧셈의 결과는 부호는 두 음의 정수의 공통부호인 $-$가 되고 수는 두 더하는 수에서 부호를 뗀 두 수의 합인 $2+3=5$가 되지요. 그러니까 다음과 같지요.

$$(-2)+(-3)=-5$$

음수에 음수를 더해서 음수가 된다는 게 무슨 의미가 있는 걸까요? 우리는 양수와 음수를 배울 때 양수는 번 돈을 음수는 빌린 돈을 나타내는 데 사용한다고 했지요? 그럼 그것을 이용하여 비유해 보죠. 우리나라는 햄버거 하나를 먹으려면 1000원이나 2000원이 필요하지만 미국에서는 1달러나 2달러에 햄버거를 먹을 수 있어요. 작은 수를 셈하기 위해 당분간 미국 화폐 단위인 달러를 사용해 보죠.

페티가 아버지에게 2달러를 용돈으로 받았어요. 이것을 수로 나타내면 +2가 되요. 그런데 아버지가 용돈을 준 줄 모르고 엄마가 3달러를 페티에게 다시 용돈으로 주었어요. 이것은 +3을 나타내죠. 그럼 페티가 가진 모든 돈은 얼마죠? 5달러죠? 이것은 +5잖아요? 이것을 식으로 쓰면 다음과 같지요.

(아빠에게 받은 돈) + (엄마에게 받은 돈) = (페티가 가진 모든 돈)

$$(+2) \quad + \quad (+3) \quad = \quad (+5)$$

이번에는 음의 정수의 덧셈의 의미를 살펴보죠. 음수는 빌린 돈에 비유할 수 있어요. 누구에게 빌린 돈을 빚이라고 하지요. 페티가 친구 로디에게 2달러를 빌렸어요. 이때 페티가 가진 2달러는 빚이에요. 그러므로 페티가 진 빚은 (−2)라고 써야죠. 그런데 페티는 또 다른 친구 애니에게 3달러를 빌렸지요. 이때 페티가 가진 3달러 역시 빚이에요. 그러므로 이것을 정수로 나타내면 −3이 되지요. 그러니까 페티는 전부 다 합쳐서 5달러를 빌린 셈이지요. 즉 페티가 진 모든 빚은 −5로 나타낼 수 있어요.

(로디에게 진 빚)	+	(애니에게 진 빚)	=	(페티가 진 모든 빚)
(−2)	+	(−3)	=	(−5)

아하! 빚에 빚을 더하면 빚이 더 많아진다는 게 바로 음수와 음수의 덧셈이군요.

이번에는 서로 다른 부호를 갖는 두 정수의 덧셈에 대해 알아보죠.

$$(+3)+(-2)$$

이 의미를 살펴보죠. 양수는 번 돈을 음수는 쓴 돈을 의미한다고 했지요? 그럼 다시 우리의 주인공 페티를 만나보죠. 페티는 용돈으로 3달러를 받았어요. 그럼 페티가 가진 돈은 +3이죠? 그런데 페티는 동네 문구점에서 2달러를 주고 예쁜 공책하나를 샀어요. 그럼 페티는 얼마가 남죠? 당연히 1달러가 남죠? 1은 어디서 나왔죠? 3−2=1이지요? 요걸 꼭 명심해 두세요. 자! 페티가 공책 값으로 지불한 돈은 쓴 돈이지요? 그러니까 이것은 (−2)로 나타낼 수 있어요. 그러니까 페티의 돈을 모두 합치면 다음과 같이 되요.

(용돈으로 받은 돈)	+	(문방구 주인에게 지불한 돈)	=	(페티가 현재 가지고 있는 돈)
(+3)	+	(−2)	=	(+1)

여기서 1은 3과 2의 차이에요. 즉 더하는 두 수의 부호를 뗀 수들의 차이죠. 그러니까 부호가 다른 두 정수의 덧셈에서 수는 부호를 뗀 두

수의 차이가 되고 부호는 부호를 뗀 수가 큰 쪽의 부호가 되지요.

두 수의 부호가 반대이고 부호를 뗀 두 수가 같으면 어떻게 될까요? 에를 들어 다음 셈을 봐요.

$$(-3)+(+3)$$

천천히 따져 보죠.

부호를 뗀 두 수의 차는 $3-3=0$이지요. 그러므로

$$(-3)+(+3)=0$$

이 되지요.

5) 정수의 뺄셈

이번에는 정수의 뺄셈에 대해 알아보죠. 먼저 가장 간단한 셈을 해보죠.

$$4-3=1$$

너무 간단한 가요? 여기서 모든 자연수를 부호를 붙여서 써 봐요. 그럼 다음과 같이 되지요?

$$(+4)-(+3)=+1$$

위 식의 두 번째 항에서 $-$와 $+$의 위치를 바꿔 봐요.

$$(+4)+(-3)$$

이 되지요? 이 식을 계산하면

$$(+4)+(-3)=+1$$

어랏! 뺄셈과 같아지는 군요. 정수의 뺄셈은 빼는 수의 부호를 바꿔 덧셈으로 고쳐 계산하지요.

$$-(+\square)=+(-\square),\quad -(-\square)=+(+\square)$$

다른 예를 보죠.

$$(-2)-(-5)$$

빼는 수는 -5이죠? 그럼 -5의 부호를 바꾸면 $+5$가 되잖아요? 그러니까 다음과 같이 덧셈으로 바꿀 수 있어요.

$$(-2)+(+5)=+3$$

덧셈과 뺄셈이 섞여 있을 때는 어떻게 할까요? 예를 들어 다음 문제를 보죠.

$$(-3)-(+4)+(-5)$$

이때는 먼저 뺄셈을 덧셈으로 고쳐요. 이때 괄호안의 부호를 바꾼다는 거 명심!! 그럼 다음과 같이 되죠.

$$(-3)+(-4)+(-5)$$

어랏! 세 수 모두 (−)부호를 가지고 있군요. 그럼 수끼리만 더한 값 $3+4+5=12$에 공통 부호를 붙이면 되요. 그러니까 다음과 같죠.

$$(-3)-(+4)+(-5)=(-3)+(-4)+(-5)=-12$$

다른 예를 보죠.

$$(+3)-(+4)+(-5)-(-6)$$

먼저 뺄셈을 덧셈으로 고쳐요. 이때 괄호안의 부호를 바꾼다는 거 명심!! 그럼 다음과 같이 되죠.

$$(+3)+(-4)+(-5)+(+6)$$

어랏! 부호가 +인 것도 있고 −인 것도 있군요? 이럴 때는 부호가 같은 것 끼리 먼저 계산해요. 그러니까 다음과 같이 묶어서 계산할 수 있지요?

$$(+3)+(+6)+(-4)+(-5)=(+9)+(-9)=0$$

04

분수와 소수표현의 발견

1 분수의 발견

분수는 1보다 작은 수를 나타내는 중요한 표현이다. 1개의 빵이 있을 때 이것을 똑같이 두 개로 나눈 하나를 빵 반개라고 하는 데 반을 나타내는 것이 바로 분수 $\frac{1}{2}$이다. 즉, 분수 $\frac{1}{2}$은 1을 2로 나눈 몫이다.

이제 분수가 어떻게 만들어졌는지 살펴보자. 석기 시대 사람들은 분수의 필요성을 느끼지 못했지만 청동기 시대로 접어들면서 사람들은 분수를 필요로 하게 되었다. 분수를 처음 사용한 사람들은 이집트 사람들이었는데 그들은 주로 단위분수를 나타내는 기호를 만들어 사용했다. 단위분수란 $\frac{1}{2}$, $\frac{1}{3}$, $\frac{1}{5}$와 같이 분자가 1인 분수를 말한다.

세계 4대 문명의 발상지는 이집트의 나일강, 바빌로니아의 티그리스강과 유프라테스강, 인도의 인더스강, 그리고 중국의 황하이다. 수학의 시작도 문명의 발상지에서 시작되었는데 분수의 사용에 대한 최초의 기록은 기원전 1650년 경 이집트의 아메스(Ahmes)의 파피루스 – 이집트 나일강 변에서 자라는 물풀로 만든 종이 – 에서 발견되었다. 이 파피루스는 스코틀랜드의 고고학자인 린드가 1858년 이집트 테베에서 발견했다. 그래서 이 파피루스를 린드 파피루스라고 부른다.

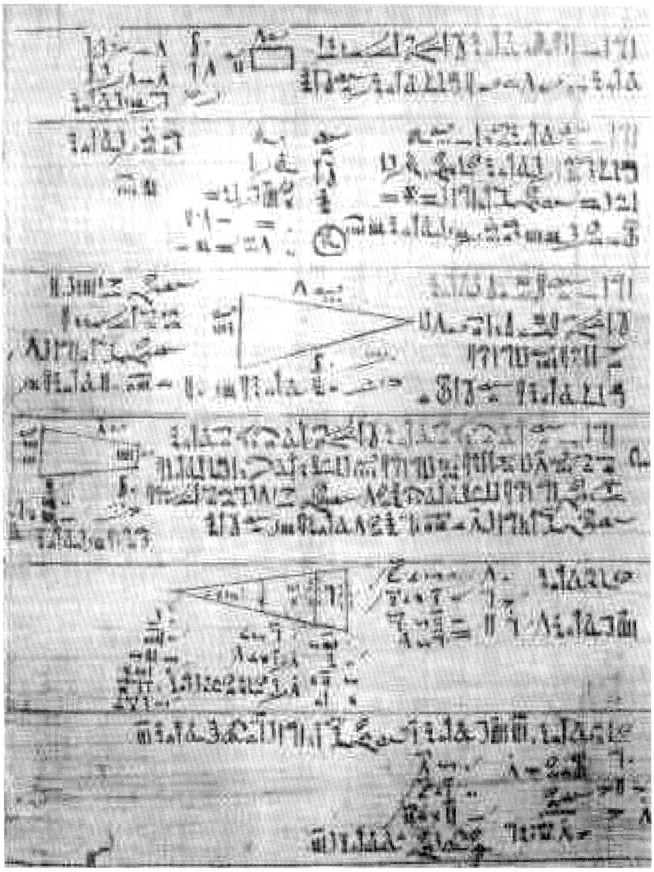

▶ 린드 파피루스

린드 파피루스에 나온 수학적인 내용들은 아메스가 처음 발견한 것이 아니라 기원전 2000년경까지 이집트에 알려진 수학적인 내용들을 아메스가 정리한 것이다. 이 파피루스에는 이집트 사람들이 사용한 단위분수에 대한 기호들이 등장한다. 예를 들어 그들은 $\frac{1}{2}$을 나타내는 기호를 다음과 같이 도입했다.

또한 $\frac{1}{3}$을 나타내기 위해 위에는 분자인 1을 나타내는 를 쓰고 그 아래에 분모 3을 나타내는 I I I을 썼다.

I I I

그러므로 $\frac{1}{10}$은 위에는 분자 1을 나타내는 기호를 쓰고 아래에는 분모 10을 나타내는 기호를 써서 다음과 같이 나타냈다.

∩

하지만 이집트 사람들이 단위 분수만을 사용했던 것은 아니다. 그들은 $\frac{2}{3}$가 자주 사용되기 때문에 이 분수를 나타내는 기호를 다음과 같이 만들었다.

II

이것은 얼핏 보면 $\frac{1}{2}$을 나타내는 기호 같지만 이집트 사람들은 $\frac{1}{2}$을 나타내는 다른 기호가 있기 때문에 이 기호를 $\frac{2}{3}$를 나타내는 기호로 사용했다.

린드 파피루스에는 단위분수가 아닌 분수를 단위분수들의 합으로 나타내는 내용도 들어있다. 예를 들어 $\frac{5}{6}$는 단위분수는 아니지만 $\frac{1}{2}$과 $\frac{1}{3}$을 더해서 만들 수 있다. 그러므로 이집트 사람들은 단위분수만을 이용해서 모든 분수를 나타내는 방법을 일찍부터 알고 있었다.

이집트 사람들이 분수에 친숙한 것은 이집트의 재미난 신화에도 나타난다. 고대 이집트의 신전에는 이집트의 여러 신들의 그림이 그려져 있는 데 이상하게 생긴 눈의 그림을 많이 볼 수 있다. 이 눈은 '호루스의

눈'으로 알려져 있는 데 이집트 사람들에게는 중요한 부적이다.

매의 머리를 한 호루스 신은 이집트 왕을 나타낸다. 그리고 호루스의 눈은 오른쪽이 태양, 왼쪽이 달을 상징한다. 호루스 눈에 대한 이집트 신화는 아버지 오시리스 신으로 거슬러 올라간다. 이집트를 다스리는 오시리스는 동생 세트에게 살해당해 그의 시신이 여러 곳에 흩어졌다. 아내 이시스는 남편의 시신을 찾아내어 붙이고 입김을 불어넣어 부활시켰는데, 부활한 오시리스는 사후 세계의 신이 되었다. 아들 호루스가 세트와 싸워 이겨서 아버지의 원수를 갚고 이집트의 왕이 되었다.

하지만 호루스는 달을 상징하는 왼쪽 눈을 다치고 말았는데, 세트가 호루스의 눈을 뽑아 $\frac{1}{2}, \frac{1}{4}, \frac{1}{8}, \frac{1}{16}, \frac{1}{32}, \frac{1}{64}$으로 로 산산조각 내었다. 지혜의 신 토토가 흩어진 호루스의 눈을 모아서 다시 만들어 주었다고 하는데, 조각난 호루스의 눈을 모두 더해 보면 조금 모자랐다.

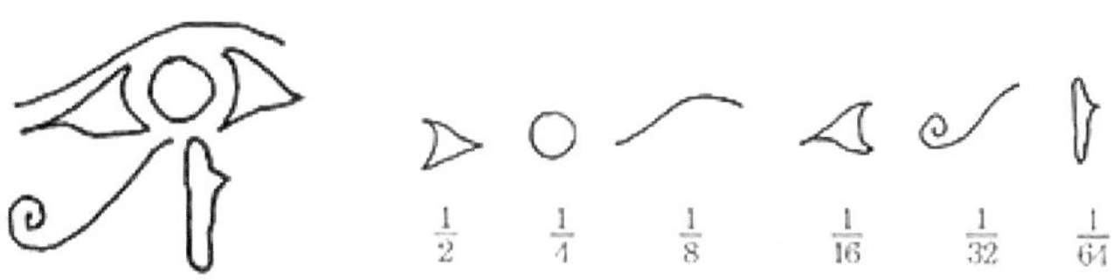

▶ 이집트 무덤 벽화에 나오는 호루스의 눈

이집트 뿐 아니라 바빌로니아 사람들도 분수를 사용했다. 바빌로니아 사람들은 $\frac{1}{2}, \frac{1}{3}, \frac{2}{3}, \frac{5}{6}$을 다음과 같이 나타냈다.

 $\frac{1}{2}$ 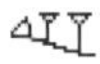 $\frac{1}{3}$  $\frac{2}{3}$  $\frac{5}{6}$

활동수업

1) 이집트의 신들에 대해 조사해보자.

수학서술수업

1) $\frac{1}{4}$를 이집트 분수로 나타내라.

2) 다음 이집트 분수는 얼마인가?

3) $\frac{7}{12}$을 두 개의 단위 분수의 합으로 나타내라.

4) $\frac{59}{70}$을 세 개의 단위 분수의 합으로 나타내라.

답 $\frac{59}{70}$에서 $\frac{1}{2}$을 빼면 $\frac{12}{35}$가 된다. 그러므로

$$\frac{59}{70}=\frac{1}{2}+\frac{12}{35}$$

$\frac{12}{35}$에서 $\frac{1}{5}$을 빼면 $\frac{1}{7}$이 되므로

$$\frac{12}{35}=\frac{1}{5}+\frac{1}{7}$$

그러므로 $\frac{59}{70}$를 세 개의 단위분수의 합으로 고치면

$$\frac{59}{70}=\frac{1}{2}+\frac{1}{5}+\frac{1}{7}$$

가 된다.

교과 연계 내용

1) 유리수의 정의

이번에는 유리수에 대해 알아봅시다. 유리수는 분모와 분자가 모두 정수인 분수로 나타낼 수 있는 수를 말합니다. 그러니까 다음과 같은 것들이지요.

$$\frac{1}{2},\ -\frac{2}{3},\ \frac{111}{397},\ \cdots$$

그런데 분수는 소수로 나타낼 수 있으므로 다음과 같은 수들도 유리수이지요.

$$0.3,\ 7.115,\ -0.001$$

가만! 유리수도 음수가 있군요. 그렇습니다. 0보다 큰 유리수를 양의 유리수라고 부르고 0보다 작은 유리수를 음의 유리수라고 부릅니다. 그러므로 $-\frac{2}{3}$, -0.001은 음의 유리수이고 0.3, $\frac{1}{2}$는 양의 유리수

이지요.

그렇다면 정수와 유리수는 어떤 관계가 있을까요? 예를 들어 정수 2를 보죠. $2=\frac{2}{1}$이라고 쓸 수 있지요? 이때 분자는 2이고 분모는 1이 되어 분자와 분모가 정수입니다. 그러므로 정수 2는 유리수입니다. 또 다른 예를 들어 보죠. $-3=\frac{-3}{1}$로 쓸 수 있습니다. 이때 분자는 -3으로 정수이고 분모도 1로 정수이므로 정수인 -3은 유리수입니다. 그럼 0은 유리수일까요? 0은 $\frac{0}{1}$과 같습니다. 이때 분자 0도 정수이고 분모 1도 정수이므로 0은 유리수입니다.

2 소수 표현의 발견

1보다 작은 수를 나타내는 방법으로 분수와 소수가 있다. 분수와 소수는 수의 분류가 아니라 수의 표현 방법을 말한다. 예를 들어 1을 10개로 나눈 하나를 분수로는 $\frac{1}{10}$이라고 표현하고 소수로는 0.1이라고 표현한다.

소수 표현을 처음 정의한 스테빈은 벨기에의 운하로 유명한 아름다운 도시 브뤼헤에서 태어났다. 그는 벨기에의 안트베르펜에서 상점 점원으로 일하다가 1581년 나이 서른셋에 라틴 학교에 입학하기 위해 네덜란

▶ 스테빈

드의 라이덴으로 이사했다. 그는 서른다섯 살 때 라이덴 대학에 입학했다. 이때 그는 모리스 왕자와 알게 된 후 졸업 후에 군대의 보급과 재정을 책임지는 사람이 되었다.

1585년 스테빈은 사람들이 돈을 빌릴 때 내는 이율이 $\frac{1}{11}$과 같이 계산하기에 불편한 분수로 되어 있는 것이 맘에 들지 않았다. 그래서 그는 이율을 나타내는 분수의 분모가 10, 100, 1000 등과 같이 주어져야한다고 주장하고 이런 분수를 마치 정수처럼 표시할 수 있는 새로운 표현을 찾아냈는데 그것이 바로 최초의 소수 표현이다. 그는 이 내용을 〈10분의 1에 관하여: De Thiende〉라는 책에 수록했다.

이 책에서 스테빈은 소수의 표현과 계산에 대해 체계적인 내용을 담았다. 예를 들어 분수 $\frac{13}{100}$을 1①3②이라고 썼는데 이것을 지금의 표현으로 하면 0.13이다. 즉 1①은 소수 첫째 자리의 수가 1임을 3②는 소수 둘 째 자리의 수가 3임을 나타낸다. 이런 식으로 나타내면 분수 $\frac{678}{1000}$은 6①7②8③이 되는 데 지금의 표현으로 나타내면 0.678이 된다.

스테빈은 기존의 이율이 $\frac{1}{11}$과 같은 경우도 근사적으로 소수로 나타낼 수 있는 방법을 알아냈다. 그는 $\frac{1}{11}$과 $\frac{9}{100}$이 거의 비슷하므로 $\frac{9}{100}$

DE

THIENDE

Leerende door onghehoorde lichticheyt allen rekeningen onder den Menschen noodich vallende, afveerdighen door heele ghetalen sonder ghebrokenen.

Beschreven door SIMON STEVIN *van Brugghe.*

TOT LEYDEN,
By Christoffel Plantijn
M. D. LXXXV

▶ 10분의 일에 대하여의 표지

을 0①9②로 나타냈다. 여기서 0①는 소수 첫째 자리가 0임을 나타낸다. 이것을 현재의 표기법으로 나타내면 0.09가 된다.

스테빈의 소수표현은 1보다 작은 수에 대해 어떤 수가 더 큰 지를 쉽게 알 수 있는 장점이 있었다. 예를 들어 0①9②와 0①0②9③를 비교해 보자. 소수 첫째 자리의 수는 0으로 같으므로 소수 두 번째 자리의 수를 비교해야한다. 0①9②의 소수 둘째 자리의 수는 9이고 0①0②9③의 소수 둘째 자리의 수는 0이므로 0①9②이 0①0②9③ 보다 크다는 것을 쉽게 알 수 있다.

하지만 스테빈의 소수 표현을 그리 오래 가지 못했다. 그의 소수 표현은 1617년 수학자 네이피어에 의해 3.25처럼 소수점을 사용하는 지금의 표기법으로 바뀌었기 때문이다.

스테빈은 물리학에도 조예가 깊었는데 그는 두 개 이상의 힘이 한 물체에 작용할 때 평형이 되는 조건을 처음 알아냈다. 또한 그는 성을 쌓는 기술에 대한 연구를 했으며 물이 부족한 농토에 물을 공급하면서 배를 통해 물품을 이동시킬 수 있는 수로를 설계하기도 했다.

▶ 돛으로 추진되는 마차

그는 아르키메데스의 연구내용을 열심히 공부하여 바람에 의해 달릴 수 있는 돛이 달린 마차를 만들었다. 이 마차는 28명의 사람을 실고도 달리는 말을 쉽게 앞지를 수 있었다.

스테빈은 1586년 무게가 10배 차이 나는 두 개의 물체를 9m 높이에서 동시에 떨어뜨렸을 때 두 물체가 동시에 떨어진다는 사실을 알아냈다. 이것은 훗날 갈릴레이가 알아낸 낙하법칙 보다 18년이나 앞 선 것이었다. 무거운 물체와 가벼운 물체의 낙하 실험은 갈릴레이가 피사의 사탑에서 처음 한 것으로 알려져 있지만 사실은 스테빈이 한 실험이며 갈릴레이는 이런 실험을 한 적이 없었다. 그렇게 알려진 이유는 갈릴레이가 죽고 그의 제자인 비비아니가 스테빈의 실험을 갈릴레이가 피사의 사탑에서 한 것처럼 책에 서술했기 때문이다.

수학서술수업

1) $\frac{23}{100}$을 스테빈의 소수 표현으로 써라.

2) $\frac{1}{10000}$을 스테빈의 소수 표현으로 써라.

3) 3①2②와 7①1② 중 큰 수를 찾아라.

4) 3①4②7③과 3①4②8③중 큰 수를 찾아라.

5) $\frac{3879}{100}$ 6) $\frac{3498}{1000}$ 7) $\frac{2007}{10}$

8) $\frac{10005}{1000}$ 9) $\frac{300204}{100}$

답 (1) 38.79 (2) 3.498 (3) 200.7

(4) 10.005 (5) 3002.04

교과 연계 내용

1) 분수와 소수

이번에는 분수와 소수에 대해 알아봅시다. 분수와 소수는 수의 종류가 아니라 수를 나타내는 방법입니다. 분수나 소수는 1보다 작은 수를 나타낼 때 주로 사용하지요.

이제 분수와 소수 사이의 관계를 알기 위해 먼저 자리수를 나타내는 방법에 대해 알아야합니다. 먼저 347이라는 수를 보죠. 347은 다음과 같이 쓸 수 있습니다.

$$347 = 300 + 40 + 7$$

그런데 $300 = 3 \times 100$, $40 = 4 \times 10$, $7 = 7 \times 1$로 쓸 수 있으므로

$$347 = 3 \times 100 + 4 \times 10 + 7 \times 1$$

로 쓸 수 있습니다. 즉, 347을 이루는 3, 4, 7은 각각 300, 40, 7을 나타내는 데 이때 3을 백(100)의 자리수, 4를 십(10)의 자리수, 7을 일(1)의 자리수라고 부릅니다.

그렇다면 이런 방법으로 소수를 나타낼 수 있을까요? 예를 들어, 0.2를 봅시다. 이것을 분수로 고치면

$$0.2 = \frac{2}{10}$$

이 되지요. 그런데 $\frac{2}{10} = 2 \times \frac{1}{10}$ 이 됩니다. 그러므로 0.2에서 2는 $\frac{1}{10}$ 의 자리수라고 볼 수 있습니다. 이것을 소수 첫 번째 자리 수라고도 부르지요.

이번에는 0.02를 분수로 나타내보죠.

$$0.02 = \frac{2}{100}$$

여기서 $\frac{2}{100} = 2 \times \frac{1}{100}$ 이므로 0.02의 2는 $\frac{1}{100}$ 의 자리수라고 볼 수 있어요. 물론 이것은 소수 둘 째 자리의 수이죠. 그렇다면 이 방법으로 23.47을 나타내보죠.

23.47 = 23 + 0.47이므로 다음과 같이 나타낼 수 있습니다.

$$23.47 = 2 \times 10 + 3 \times 1 + 4 \times \frac{1}{10} + 7 \times \frac{1}{100}$$

그러므로 23.47에서 2는 10의 자리수, 3은 1의 자리수, 4는 $\frac{1}{10}$ 의 자리수, 7은 $\frac{1}{100}$ 의 자리수라는 것을 알 수 있습니다.

교과 연계 내용

1) 유리수와 소수

우리는 분수를 소수로 나타낼 수 있는 방법을 알고 있습니다. 예를 들어 몇 개의 분수를 소수로 바꾸면 다음과 같습니다.

$$\frac{1}{2}=0.5$$

$$\frac{1}{4}=0.25$$

$$\frac{1}{5}=0.2$$

$$\frac{1}{10}=0.1$$

분수꼴의 유리수들은 소수로 나타내면 유한소수가 되는군요. 유한소수란 소수점 뒤에 붙어 있는 수의 개수가 유한한 소수를 말합니다.

그렇다면 모든 유리수는 유한소수일까요?

그렇지는 않습니다. 다음 유리수들을 소수로 나타내보죠.

$$\frac{1}{3}=0.3333\cdots$$

$$\frac{1}{7}=0.142857142857\cdots$$

$$\frac{1}{99}=0.010101\cdots$$

어랏! 이 유리수들은 소수로 고치면 끝없이 숫자가 나타나는 군요. 이런 소수를 무한소수라고 부릅니다.

그런데 이 무한소수는 재미있는 성질이 있습니다. 우선 $\frac{1}{3}$의 소수 표현을 보면 소수점 뒤에 3이라는 숫자가 계속 반복해서 나타나지요? 이렇게 어떤 숫자들이 반복해서 나타나는 무한소수를 순환소수라고 부르고 반복된 숫자들을 순환마디라고 부릅니다.

즉 $\frac{1}{3}$의 순환마디는 3입니다. 이때 0.3333…을 $0.\dot{3}$이라고 씁니다. $\dot{3}$은 3이 무한히 반복되어 나타난다는 것을 뜻하지요.

그럼 $\frac{1}{7}$의 순환마디는 뭔가요? $\frac{1}{7}$의 소수 표현을 보면 142857이 반복하여 나타납니다. 그러므로 $\frac{1}{7}$의 순환마디는 142857입니다. 이렇게 순환마디가 하나의 숫자가 아닐 때에는 순환마디의 첫 번째 수와 마지막 수에 점을 찍어 나타냅니다. 그러니까 다음과 같죠.

$$0.142857142857\cdots = 0.\dot{1}4285\dot{7}$$

05

무리수의 발견

1 무리수의 탄생

유리수는 분모와 분자가 정수인 분수로 나타낼 수 있는 수를 말한다. 그렇다면 이렇게 나타낼 수 없는 수도 있을까? 물론이다. 분모와 분자가 정수인 분수로 나타낼 수 없는 수를 무리수라고 부른다. 예를 들어 제곱해서 2가 되는 양수는 분수로 나타낼 수 없는 데 이 무리수를 $\sqrt{2}$ 라고 쓰고 '루트 2'라고 읽는다.

$\sqrt{2}$ 의 발견은 놀랍게도 지금으로부터 약 6천 년 전인 기원전 4천년경에 바빌로니아 사람들에 의해 이루어졌다. 바빌로니아 사람들은 한 변의 길이가 1인 정사각형의 대각선의 길이가 $\sqrt{2}$ 임을 알고 있었다. 그들은 피타고라스보다 훨씬 오래 전에 피타고라스 정리를 알고 있었는데 그들은 제곱을 해서 2가 되는 수를 찾기 위해 다음과 같이 시도했다.

우선 1의 제곱은 1이고 2의 제곱은 4이다. 그러므로 $\sqrt{2}$ 는 1과 2사이의 수이다. 그들은 1과 2의 평균인 $\frac{3}{2}=1.5$를 생각했다. 만일 1.5가 $\sqrt{2}$라면 2를 1.5로 나눈 값이 1.5가 되어야 한다. 하지만 2를 1.5로 나누면 $\frac{4}{3}=1.333\cdots$이 된다. 그러므로 $\sqrt{2}$는 1과 1.5 사이의 수가 되어야 한다. 이번에는 $\frac{4}{3}$과 $\frac{3}{2}$ 의 평균인 $\frac{17}{12}$를 새로운 $\sqrt{2}$의 후보로 택한다. $\frac{17}{12}$가 $\sqrt{2}$이라면 2를 $\frac{17}{12}$로 나누면 다시 $\frac{17}{12}$가 되어야 한다. 그러나 실제로 2를 $\frac{17}{12}$로 나누면 $\frac{24}{17}=1.41176\cdots$이 된다. 그러므로 $\sqrt{2}$는 $\frac{24}{17}$과 $\frac{17}{12}$ 사이의 수이어야 한다. 이런 식으로 하여 바빌로니아 사람들은 $\sqrt{2}$의 근삿값을 분수로 나타낼 수 있었다. 그들이 찾아낸 $\sqrt{2}$의 근사값을 분수로 나타내면

$$1+\frac{24}{60}+\frac{51}{60^2}+\frac{10}{60^3}+\cdots=1.41421296296\cdots$$

이다.

오른 쪽 사진은 바빌로니아의 점토판에 새겨진 $\sqrt{2}$의 근삿값이다. 그들은 60진법을 사용했으므로 한 변의 길이가 1인 정사각형의 대각선에 1, 24, 51, 10이 바빌로니아숫자로 표현되어 있다.

피타고라스는 유리수의 신봉자였다. 그는 모든 수가 정수의 비로 주

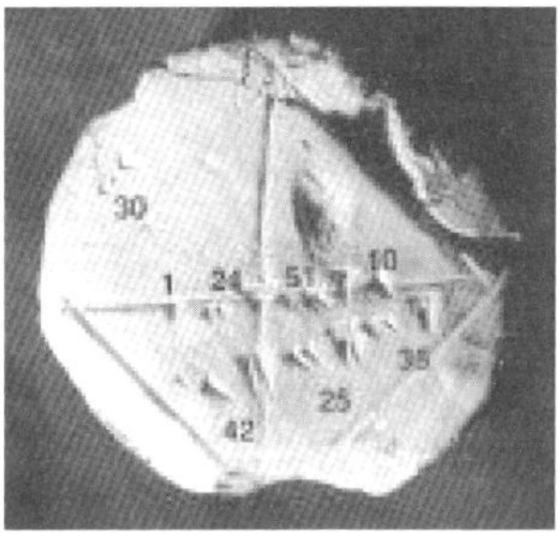

▶ 바빌로니아의 점토판에 새겨진 $\sqrt{2}$ 의 근삿값

어지는 유리수라고 믿었다. 그러므로 모든 길이는 유리수로 나타낼 수 있다는 것이 피타고라스의 강한 믿음이었다. 피타고라스학파의 네 번째 교장인 리시포스가 있을 때 히파소스라는 수학자가 있었다. 그는 정사각형의 대각선의 길이는 정사각형의 한 변의 길이를 잴 수 있는 자로는 정확하게 측량되지 않음을 알아냈다. 즉 그는 정사각형의 한 변의 길이와 대각선의 길이의 비를 유리수로 나타낼 수 없다는 것을 알아낸 것이다. 그는 이 사실을 리시포스 교장에게 알렸다. 리시포스 교장 역시 히파소스와 비슷한 생각을 가지고 있었다. 하지만 피타고라스 학파에서는 유리수 이외의 수는 금지하기 때문에 리시포스 교장은 히파소스에게 이 내용에 대해 더 이상 연구하지도 말고 지금까지 연구된 내용을 누구에게도 발설하지 말라고 당부했다.

하지만 히파수스는 리시포스 교장을 말을 듣지 않았다. 그는 수많은 고민 끝에 사람들에게 진실을 알려야한다고 여기고 정사각형의 대각선의 길이는 유리수로 나타낼 수 없다는 것을 사람들에게 알렸다. 이 사실을 전해들은 피타고라스는 학파의 규칙을 어긴 히파소스를 바다 속에 던져 죽여 버렸다. 그 정도로 피타고라스는 무리수처럼 정수의 비로 나타낼 수 없는 수를 싫어했다.

피타고라스의 시대가 끝나고 그리스의 수학자들 사이에서 히파소스가 목숨을 걸고 주장한 무리수 $\sqrt{2}$에 대한 관심은 급증했다. 기원전 425년 그리스의 테오도로스는 $\sqrt{2}$ 외에도 $\sqrt{3}$, $\sqrt{5}$, $\sqrt{6}$, $\sqrt{7}$, $\sqrt{8}$, $\sqrt{10}$, $\sqrt{11}$, $\sqrt{12}$, $\sqrt{13}$, $\sqrt{14}$, $\sqrt{15}$, $\sqrt{17}$이 무리수라는 것을 알아냈다.

그 후 $\sqrt{2}$가 무리수라는 것에 대한 최초의 증명은 유클리드가 쓴 '원론'에 나와 있다. 하지만 이 증명은 아리스토텔레스가 한 증명을 유클리드가 자신의 책에 수록했다는 설이 있다. 그러므로 최초로 증명한 사람이 아리스토텔레스인지 유클리드인지는 정확하게 알려져 있지 않다.

제곱해서 2가 되는 수는 처음 아라비아에서도 radix라고 불렸다. 그러다가 1228년 레오나르도 피사로는 제곱해서 2가 되는 수를 R2라고 썼고 1525년 루돌프(Rudolff, C.; 1499~1545)는 기호 √을 사용해 이 수를 √2라고 썼다. 여기서 √는 radix의 첫 글자 r에서 나왔다고 한다. √에 가로 막대를 덧붙여 지금과 같은 꼴 $\sqrt{\ }$ (루트: root)로 쓰기 시작한 사람은 프랑스의 데카르트(Descartes, R.; 1596~1650)이다.

▶ 데카르트

활동수업

1) 히파소스의 죽음에 대해 좀 더 조사해 보자.

수학서술수업

1) 다음 수의 제곱근을 구하라.

(1) 5 (2) 9 (3) 7^2 (4) 17

답 (1) $\sqrt{5}, -\sqrt{5}$ (2) 3, -3

(3) 7, -7 (4) $\sqrt{17}, -\sqrt{17}$

2) $\sqrt{\frac{1}{4}}$ 을 간단히 하라.

답 $\frac{1}{4}=(\frac{1}{2})^2$ 이므로 $\sqrt{\frac{1}{4}} = \sqrt{(\frac{1}{2})^2} = \frac{1}{2}$ 가 된다.

3) $\sqrt{3}$ 이 무리수임을 증명하라.

교과 연계 내용

1) 무리수

다음과 같은 수들을 보자.

$$1, 4, 9, 16, 25, 36, 49, \cdots$$

이 수들의 공통점은 무엇인가? 눈치 챘겠지만 이 수들은 모두 어떤 수의 제곱이다. 즉 다음과 같이 제곱으로 표현할 수 있다.

$$1^2,\ 2^2,\ 3^2,\ 4^2,\ 5^2,\ 6^2,\ 7^2,\ \cdots$$

이렇게 자연수를 제곱하면 2와 3과 같은 수는 나오지 않는다. 여기서 하나의 의문이 생긴다. 제곱하여 2가 되는 수가 있을까? 즉, 같은 두 수를 곱해 2를 만들 수 있을까? 다음 그림과 같이 한 변의 길이가 1인 정사각형을 보자.

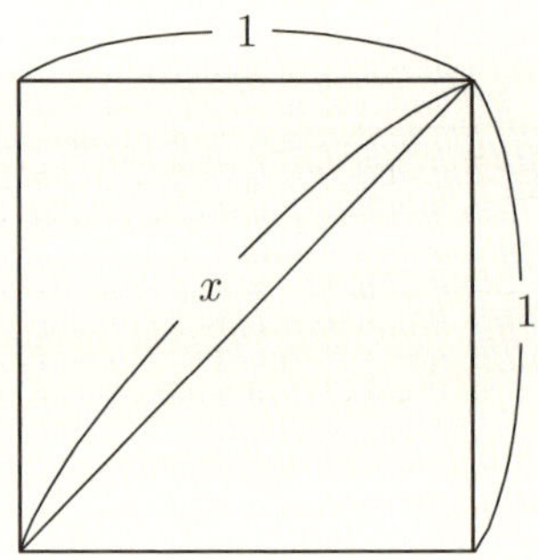

이때 대각선의 길이를 x라고 하면 피타고라스 정리에 의해

$$x^2 = 1^2 + 1^2$$

이 되어

$$x^2 = 2$$

가 된다. 그러므로 대각선의 길이 x는 제곱을 했을 때 2가 되는 수이다. 이 수를 $\sqrt{2}$ 라고 쓴다. 즉,

$$(\sqrt{2})^2 = 2$$

이다.

2) 양의 제곱근과 음의 제곱근

$x^2=2$를 만족하는 수는 $\sqrt{2}$ 뿐일까? 그렇지는 않다. 음수의 제곱도 양수가 되므로

$$(-\sqrt{2})^2=2$$

이기 때문에 $-\sqrt{2}$ 역시 $x^2=2$를 만족한다. 이렇게 $x^2=2$를 만족하는 x의 값은 두 개가 생기는 데 이 두 수를 2의 제곱근이라고 부른다. 즉, 2의 제곱근은 $\sqrt{2}$ 와 $-\sqrt{2}$ 이다. 이 양수인 $\sqrt{2}$ 를 2의 양의 제곱근, 음수인 $-\sqrt{2}$ 를 2의 음의 제곱근이라고 부른다.

3) $\sqrt{2}$ 의 근사값

제곱을 하여 2가 되는 수를 찾아보자. 다음과 같은 세 수의 제곱을 보자.

$$1.3^2=1.69$$

$$1.4^2=1.96$$

$$1.5^2=2.25$$

1.4의 제곱이 2에 제일 가깝다. 하지만 아직도 2에 0.04만큼 부족하다. 그러므로 제곱을 하여 2가 되려면 1.4보다 조금 큰 수가 되어야 한다.

이제 소수 둘째자리를 결정해보자.

$$1.41^2 = 1.9881$$

$$1.42^2 = 2.0164$$

1.41의 제곱이 2에 더 가깝다는 것을 알 수 있다. 하지만 아직도 2보다는 작으므로 다음과 같이 소수 셋째 자리를 넣어보자.

$$1.413^2 = 1.996569$$

$$1.414^2 = 1.999396$$

$$1.415^2 = 2.002225$$

1.414의 제곱이 2에 제일 가깝다는 것을 알 수 있다. 이런 식으로 제곱이 2가 되도록 계속하면 다음과 같이 된다.

$$\sqrt{2} = 1.414213562373309501 \ldots$$

이 수는 소수점 이하에 순환마디가 생기지 않는다. 그러므로 분수로 나타낼 수 없으므로 유리수가 아니다. 즉, 무리수이다.

4) 다른 제곱근

$\sqrt{2}$ 는 제곱을 하면 2가 되는 무리수이다. 이번에는 제곱을 하여 다른 수가 나오는 양의 무리수를 알아보자. 다음과 같이 나열할 수 있다.

$\sqrt{1}$ … 제곱을 하면 1

$\sqrt{2}$ … 제곱을 하면 2

$\sqrt{3}$ … 제곱을 하면 3

$$\sqrt{4} \cdots \text{제곱을 하면 } 4$$

$$\sqrt{5} \cdots \text{제곱을 하면 } 5$$

$$\sqrt{6} \cdots \text{제곱을 하면 } 6$$

$$\sqrt{7} \cdots \text{제곱을 하면 } 7$$

$$\sqrt{8} \cdots \text{제곱을 하면 } 8$$

$$\sqrt{9} \cdots \text{제곱을 하면 } 9$$

이 중 제곱을 하여 1이 되는 양수는 1이므로

$$\sqrt{1} = 1$$

이 되고, 제곱을 하여 4가 되는 양수는 2이므로

$$\sqrt{4} = 2$$

가 되며 , 제곱을 하여 9가 되는 양수는 3이므로

$$\sqrt{9} = 3$$

이다. 그러므로 이 세 수는 무리수가 아니라 유리수이다. 이 세 수들은 루트 안이 어떤 수의 제곱임을 알 수 있다.

$$1 = 1^2,\ \ 4 = 2^2,\ \ 9 = 3^2$$

이렇게 루트 안이 어떤 수의 제곱이 되면 무리수가 아니라 유리수가 된다.

2 실수의 발견

수는 수직선 위의 한 점에 대응된다. 그렇다면 수직선의 모든 점을 유리수로만 나타낼 수 있을까? 결론적으로 말하면 그렇지 않다. 수직선위의 점을 모두 나타내기 위해서는 유리수 뿐 아니라 무리수도 필요하다. 이 점을 강조한 사람은 수학자 데데킨트이다.

독일의 브라운슈바이크에서 태어난 데데킨트는 19살 때 괴팅겐 대학에 입학해 가우스에게 수학을 배웠다. 26살에 스위스 취리 공과대학 수학교수가 된 그는 31살 때 고향으로 돌아와 브라운슈바이크 고등공업학교의 교수가 되어 평생 수학을 연구했다.

▶ 데데킨트

데데킨트는 수직선의 수들이 유리수와 무리수로 이루어져 있음을 주장했다. 예를 들어 수직선 중에서 0과 1 사이만을 보자. 분모가 2인 분수 중에서 0과 1사이에 존재하는 것은 $\frac{1}{2}$이다. 또한 이 수직선에 놓이는 분모가 3인 유리수는 $\frac{1}{3}$, $\frac{2}{3}$이다. 마찬가지로 이 수직선에 놓이는 분모가 4인 새로운 유리수는 $\frac{1}{4}$, $\frac{3}{4}$이다. 이런 식으로 분모가 다른 유리수들을 모두 표시하면 수직선이 꽉 찰 것 같아 보인다. 하지만 데데킨트는 이런 방법으로는 수직선을 완전하게 채울 수 없다는 것을 알아냈다. 그는 한 변의 길이가 1인 정사각형 ABCD를 꼭지점 D가 수직선의 0과 꼭지점 C가 수직선의 1과 일치하도록 수직선 위에 올려놓았다. 이때 대각선 BD의 길이는 피타고라스의 정리에 의해 $\sqrt{2}$ 라는 무리수가 된다. 그는 점 D를 중심으로 정사각형을 시계방향으로 45° 회전시키면 점 B가 수직선에 놓이게 된다. 그러므로 점 B에 해당되는 수가 반드시 존재해야 한다. 점D는 원점이고 점D와 점B사이의 거리는 $\sqrt{2}$ 이므로 $\sqrt{2}$ 에 해당되는 점이 수직선에 존재해야한다. 이것은 수직선을 구성하는 점들이 모두 유리수가 아니라는 것을 의미한다. 즉, 수직선은 유리수와 무리수에 의해 빽빽하게 채워질 수 있음을 의미한다. 유리수와 무리수를 합쳐 실수라고 부른다. 그러므로 수직선에 있는 모든 수는 유리수와 무리수를 합친 실수를 나타낸다.

데데킨트는 여기에서 더 나아가 데데킨트 절단이라는 개념을 도입했다. 그것은 수직선을 아무리 작게 절단해도 그 절단된 도막에는 무한히 많은 유리수와 무한히 많은 무리수가 존재한다는 내용이다. 데데킨트의 이 아이디어는 그의 친구인 칸토르에게 큰 영향을 주었고 결국 칸토르는 무한에 대한 새로운 해석을 내릴 수 있게 되었다.

덴마크의 수학자 칸토르는 29살 때 무한 집합에 관한 이론을 발표하고 34살 때 할레 대학의 수학과 교수가 되었다. 할레 대학은 당시 독일에서 이류 삼류 취급을 받는 대학이었다. 칸토르는 베를린 대학의 교수 자리를 희망했지만 그 희망은 끝내 이루어지지 않았다. 그 이유는 베를린 대학에 칸토르의 연구를 유난히 싫어하는 수학자 크로네커가 칸토르의 업적을 인정하려 들지 않았기 때문이었다. 당대의 유명한 수학자중 한 사람인 크로네커는 독일 수학계에서 큰 영향력을 행사하고 있었는데 칸토르가 도입한 무한의 개념은 미치광이 수학자의 광기라고 혹평하며 그를 괴롭혔다. 예민한 성격의 칸토르는 크로네커의 비난을 견디기 힘들었고 결국 39살 때 정신에 이상이 생겨 정신병원에서 30여년의 여생을 보내게 되었다.

▶ 칸토르

칸토르의 무한집합의 개념으로 무리수와 유리수의 차이점에 대해 알아보자. 우리는 물건의 개수가 몇 개인지 모를 때 하나, 둘, 셋하고 수를 센다. 즉 자연수를 이용한다. 이렇게 자연수는 무한히 많지만 우리는 자연수를 헤아릴 수 있다.

그렇다면 정수도 자연수처럼 헤아릴 수 있을까? 자연수처럼 헤아릴 수 있다는 것은 자연수와 일대일 대응이 된다는 것을 말한다. 칸토르는 정수를 $0, 1, -1, 2, -2, 3, -3, \cdots$으로 나열하면 이 수들을 자연수 $1, 2, 3, 4, \cdots$에 일대일 대응시킬 수 있다는 것을 알아냈다. 즉 정수는 무한하지만 자연수처럼 헤아릴 수 있다.

칸토르는 다음 차례로 유리수에 대해 도전했다. 유리수는 분수로 나타낼 수 있는 데 일단 양의 유리수에 대해서만 칸토르의 방법을 설명해 보자. 칸토르는 양의 유리수를 $\frac{1}{1}, \frac{2}{1}, \frac{1}{2}, \frac{3}{1}, \frac{2}{2}, \frac{1}{3}, \frac{4}{1}, \frac{3}{2}, \frac{2}{3}, \frac{1}{4},$

…와 같이 나열했다. 여기서 그는 $\frac{1}{1}$과 같은 분수들인 $\frac{2}{2}$, $\frac{3}{3}$, $\frac{4}{4}$, … 등을 제거한 $\frac{1}{1}$, $\frac{2}{1}$, $\frac{1}{2}$, $\frac{3}{1}$, $\frac{1}{3}$, $\frac{4}{1}$, $\frac{3}{2}$, $\frac{2}{3}$, $\frac{1}{4}$, …을 자연수에 일대일 대응시킬 수 있음을 알아냈다. 같은 방법으로 음의 유리수도 자연수에 일대일 대응되므로 양의 유리수와 0과 음의 유리수로 이루어진 유리수 전체는 자연수에 일대일 대응된다. 그러므로 유리수는 무한하지만 헤아릴 수 있다.

그렇다면 모든 실수를 셀 수 있을까? 그것은 실수 전체가 자연수와 일대일대응이 됨을 의미한다. 하지만 칸토르는 실수 전체를 자연수와 일대일 대응 시킬 수 없다는 것을 밝힘으로써 실수 전체의 집합과 유리수의 집합은 무한개의 원소를 가진 무한집합이지만 다른 성격의 무한집합임을 알아냈다. 즉 정수의 집합이나 유리수의 집합이 셀 수 있는 무한집합이라면 실수의 집합은 셀 수 없는 무한 집합임을 알아낸 것이다. 칸토르 이후 수는 수집합에 의해 연구되기 시작했다. 하지만 그의 무한집합에 대한 연구는 그가 죽은 후에 수학자 힐베르트에 의해 인정을 받게 되었다.

활동수업

1) 생활 속에서 일대일 대응의 예를 찾아보자.

수학서술수업

1) 정수는 덧셈, 뺄셈, 곱셈, 나눗셈 중 어느 연산에 닫혀있는가?

답 덧셈, 뺄셈, 곱셈

2) 유리수는 덧셈, 뺄셈, 곱셈, 나눗셈 중 어느 연산에 닫혀있는가?

답 덧셈, 뺄셈, 곱셈.(0으로 나누는 것이 금지 되어 있으므로 나눗셈에 닫혀있지 않다.)

교과 연계 내용

1) '닫혀있다.'의 뜻

이번에는 '닫혀있다.'의 뜻에 대해 알아보자. 예를 들어 자연수

$$1, 2, 3, 4, 5, \cdots$$

를 보자. 임의의 두 자연수를 택해 더하면 항상 자연수가 된다. 이때 자연수는 덧셈에 대해 닫혀 있다고 말한다. 그렇다면 자연수는 뺄셈에 대해 닫혀 있을까? 두 자연수 1과 2를 택해 뺄셈을 하면

$$1-2=-1$$

가 되어 음의 정수가 된다. 음의 정수는 자연수가 아니므로 자연수은 뺄셈에 닫혀 있지 않다.

임의의 두 자연수의 곱은 항상 자연수이므로 자연수는 곱셈에 닫혀 있다. 하지만 나눗셈을 보자. 두 자연수 1, 2에 대해 $1 \div 2 = \frac{1}{2}$ 이 된다.

여기서 $\frac{1}{2}$은 자연수가 아니므로 자연수는 나눗셈에 닫혀 있지 않다.

2) 실수의 분류

유리수는 분모 분자가 모두 정수인 분수로 나타낼 수 있고, 무리수는 분모 분자가 모두 정수인 분수로 나타낼 수 없다. 그러므로 유리수이면서 동시에 무리수인 수는 존재하지 않는다.

실수를 분류해 보면 다음 그림과 같다.

- 유리수
  - 정수
    - 양의 정수(자연수) : 1, 2, 3 …
    - 0
    - 음의 정수 : -1, -2, -3, …
  - 정수 아닌 유리수
    - 유한소수 : 0.1, 0.2, …
    - 순환하는 무한소수 : 0.22…, 1.31212…, …
- 무리수(순환하지 않는 무한소수) : π, $\sqrt{2}$, …

3) 실수 집합의 성질

실수는 자연수와 일대일 대응되지 않는다. 즉 셀 수 없다. 실수 전체를 다음과 같이 자연수에 일대일 대응시킬 수 있다고 가정하자.

$$
\begin{aligned}
0.1234567\cdots &\leftrightarrow 1\\
0.2333333\cdots &\leftrightarrow 2\\
0.3000000\cdots &\leftrightarrow 3\\
0.4142135\cdots &\leftrightarrow 4
\end{aligned}
$$

$$0.5415926\cdots \quad \leftrightarrow 5$$
$$0.6666666\cdots \quad \leftrightarrow 6$$
$$0.7788995\cdots \quad \leftrightarrow 7$$
$$\vdots$$

이 대응에서 다음과 같이 붉게 나타난 수를 보자.

$$0.1234567\cdots \quad \leftrightarrow 1$$
$$0.2333333\cdots \quad \leftrightarrow 2$$
$$0.3000000\cdots \quad \leftrightarrow 3$$
$$0.4142135\cdots \quad \leftrightarrow 4$$
$$0.5415926\cdots \quad \leftrightarrow 5$$
$$0.6666666\cdots \quad \leftrightarrow 6$$
$$0.7788995\cdots \quad \leftrightarrow 7$$
$$\vdots$$

이때 소수 첫째자리수를 1이 아닌 수를 택하자. 예를 들어 4를 택해보자. 소수 둘째 자리수는 3이 아닌 수를 택하자. 예를 들어 7을 택하자. 같은 방법으로 소수 셋째자리 수는 0과 다른 8을 택하고 소수 넷째 자릿수는 2와 다른 9를 택하고 소수 다섯 째 자릿수는 9와 다른 1을 택하고 소수 여섯째 자릿수는 6과 다른 0을 택하고 소수 일곱째 자릿수는 5와 다른 3을 택하는 식으로 새로운 수를 만들어 보자. 이 경우 다음과 같은 수가 된다.

$$0.4789103\cdots$$

이런 식으로 만들어진 수는 자연수와 일대일 대응되었다고 가정한 실수의 목록에 있는 수와 다르다. 그러므로 실수를 자연수와 일대일 대응시킬 수 있다는 가정은 잘못 되었다. 그러므로 실수는 자연수와 일대일 대응을 이루지 않는다. 즉 실수는 무한하며 셀 수 없는 수이다.

3 아르키메데스, 원주율 π를 찾다

원주율은 원둘레와 지름의 비이다. 원주율은 대략 3.14로 알고 있지만 사실 원주율은 순환마디가 없는 무한소수로 표현되는 무리수이다. 원주율에 대해 최초로 연구한 사람은 아르키메데스의 원리로 유명한 아르키메데스이다.

아르키메데스는 기원전 287년 시라쿠사에서 태어났다. 시라쿠사는 이탈리아 남쪽에 있는 시칠리아 섬에서 가장 아름다운 도시이다. 그는 천문학자인 아버지의 영향을 받아 어릴 때부터 천체 관측을 좋아했다. 아르키메데스는 어릴 때 바닷가에 가서 노는 것을 좋아했다. 조개와 거북이 그리고 돌고래들은 모두 아르키메데스의 친구들이었지요. 바람이 불지 않고 파도가 잔잔한 날이면 그는 바닷가에서 공부했다. 그 당시에는 종이도 연필도 없었기 때문에 그는 바닷가 모래밭을 종이

삼아 수학문제를 풀곤 했다.

당시 시라쿠사의 왕은 아르키메데스의 아버지의 친구인 히에론 왕이었다. 히에론 왕은 로마와 동맹을 맺어 시라쿠사는 평화로운 나날을 보낼 수 있었다. 열일곱 살이 되던 해 아르키메데스는 아버지와 함께 이집트에 갔다. 그는 당시 가장 높은 수준의 수학과 물리학을 가르치는 이집트의 알렉산드리아에 있는 왕립학교에 다니게 되었다. 그는 코논 선생님으로부터 수학과 물리학을 배웠는데 그는 그리스 최고의 기하학자인 유클리드의 제자였다. 아르키메데스는 수학과 물리학에 뛰어난 재능을 보여 코논 선생님의 사랑을 독차지했다. 그리고 그는 틈만 나면 알렉산드리아의 도서관을 구경했다. 이 도서관은 당시 세계에서 가장 큰 도서관으로 없는 책이 없었는데 그는 고향으로 돌아가 독학하기 위해 이곳에서 수학자 유클리드의 책을 찾아 책을 열심히 베꼈다.

당시에 아르키메데스는 아리스타르코스라는 좋은 친구를 만났다. 그는 지구가 태양주위를 움직인다는 것을 주장하고 지구와 태양 사이의 거리, 지구와 달 사이의 거리를 처음으로 계산한 훌륭한 과학자였다.

이집트에서 공부를 마치고 시라쿠사로 돌아온 아르키메데스는 물리학과 수학을 실제 생활에 사용하는 것에 관심을 기울였다. 그리하여 그는 나사못이나 나선식 펌프와 같은 많은 발명품을 만들었다.

수학에 있어서 아르키메데스의 가장 위대한 업적은 원주율의 계산이다. 그는 수레바퀴를 한 바퀴 굴러가게 했을 때 그 지나간 길이가 바퀴의 둘레라는 사실로부터 바퀴가 크던 작던 둘레의 길이는 바퀴의 지름의 길이에 어떤 일정한 수를 곱한 값으로 나타난다는 사실을 알아냈다. 그는 그 일정한 값을 원주율 π라고 불렀다.

그는 원주율을 구하기 위해 원에 내접하는 정다각형과 원에 외접하는 정다각형을 이용했다. 즉, 원의 둘레의 길이는 원의 내접하는 정다각형의 둘레의 길이보다는 크고 원에 외접하는 정다각형의 둘레의 길이보다는 작다는 성질을 이용하여 원주율이 7분의 22와 61분의 17사이의 값이라는 것을 알아냈다. 원주율의 발견은 그에게 원이나 공과 같은 동그란 도형의 넓이나 부피를 계산할 수 있게 해주었다. 원주율을 이용하여 그는 원의 넓이와 공의 부피를 처음으로 계산할 수 있었고 원뿔의 부피가 원기둥의 부피의 3분의 1이 된다는 것도 알아냈다.

아르키메데스는 원기둥과 원기둥에 내접하는 공의 부피 사이의 관계를 조사했다. 그는 높이와 지름이 같은 원통형의 컵에 물을 가득 채우고 이 원통에 내접하는 공을 넣었을 때 넘쳐 나오는 물의 양을 살펴 공의 부피가 원통의 부피의 3분의 2가 된다는 사실을 알아냈다. 이를 이용하여 그는 최초로 공의 부피에 대한 공식을 찾아냈다.

또한 아르키메데스는 작은 힘으로 무거운 물체를 들어 올릴 수 있는 지레를 발명했다. 그는 자신에게 받침점과 충분히 긴 지렛대를 주면 지구도 들어 올릴 수 있다고 자랑했다.

아르키메데스하면 떠오르는 다음과 같은 가장 유명한 일화가 있다.

어느 날 히에론 왕은 전쟁에서 승전을 하고 궁으로 돌아와 신에게 감사의 선물을 바치고 싶어 했다. 그래서 그는 순금으로 만든 왕관을 신전에 바치기로 결심하고 금관을 제작할 세공장이에게 순금덩어리를 건네주었다. 세공장이는 금을 조금 빼돌리고 은을 섞어 금관을 만들어 히에론왕에게 바쳤다. 히에론왕은 왕관이 순금으로 만든 것이라고 믿었다. 얼마 후 세공장이가 은을 섞어 금관을 만들었다는 소문이 퍼지자 히에론왕은 금관이 순금인지 아닌지를 아르키메데스에게 조사하라고 시켰다. 금관을 받아 궁을 나온 그는 금관을 계속 바라보고 또 바라보았지만 눈으로는 금관에 은이 섞여있는지 도저히 알 수가 없었다. 며칠 동안 씻지도 않고 금관만 바라보느라 지저분해진 그를 본 하인이 그에게 목욕을 권유했다. 그래서 그는 목욕탕에 가서 물이 가득 찬 탕 속에 들어갔다. 그 때 탕 밖으로 물이 넘쳐흐르는 걸 보며 그는 "유레카"를 외치면서 알몸으로 집까지 뛰어갔다. '유레카'는 '알아냈다'라는 뜻이다.

그는 물이 가득 담긴 통속에 금관을 넣어보았다. 그러자 물이 밖으로 넘쳤다. 그는 이때 넘친 물의 부피가 금관의 부피와 같다는 것을 알아냈다. 그는 왕관과 같은 무게의 금덩어리와 은덩어리를 물에 넣었다. 그러자 은덩어리를 넣었을 때 가장 물이 많이 넘쳐흘렀고 다음으로는 금관, 마지막으로 금덩어리의 순서로 물이 적게 넘쳐흘렀다. 그는 이 실험을 통해 금관이 금으로만 이루어진 것이 아니라는 것을 알아냈다.

히에론왕이 죽고 제로니모왕이 즉위하자 시라쿠사는 시끄러워지기 시작했다. 제로니모왕이 그 동안 맺어왔던 로마와의 동맹을 깨고 카르타고와 동맹을 맺었기 때문이었다. 지중해의 패권을 둘러싸고 로마와 카르타고는 세 차례의 전쟁을 치르게 되는 데 이것을 포에니 전쟁이라고 부른다. 제2차 포에니전쟁(BC 218~BC 201)때인 기원전 214년 로마는 자신을 배반한 시라쿠사를 공격했다. 이때 아르키메데스는 시라쿠사를 지키기 위해 온갖 무기를 만들었다.

로마군은 육군과 해군으로 나누어 시라쿠사를 공격했는데 아르키메데스는 지렛대의 원리를 이용한 투석기를 만들어 그들을 물리쳤다. 투석기는 받침점으로부터 거리가 짧은 곳에 무거운 돌을 올려놓고 받침점으로부터 먼 곳을 눌러 돌을 멀리 날아가게 하는 무기이다.

다음에는 로마의 마르셀루스 장군이 이끄는 해군이 시라쿠사를 공격했다. 그는 그들의 공격을 막아내기 위해 두 종류의 무기를 만들었다. 하나는 도르래를 여러 개 연결한 장치이고 다른 하나는 빛을 한 곳에 모을 수 있는 커다란 오목거울이었다. 도르래 한 개를 이용하면 힘을 절반으로 줄일 수 있으므로 엄청나게 많은 도르래를 설치하면 아주 작은 힘으로 큰 힘을 만들어 낼 수 있다. 그는 로마 해군이 잠든 틈을 이용해 도르래에 걸린 줄의 한쪽 끝을 적의 배 앞부분에 걸어 놓았다. 다음 날 마르셀루스 장군이 시라쿠사에 항복을 권유하자 그는 반대쪽의 줄을 잡아당겼다. 그러자 배가 공중으로 치솟아 올랐다. 그가 줄을 내렸다 올렸다 하니까 배가 공중에 떴다 바다에 떨어졌다 하더니 결국은 바다로 곤두박질쳤다. 그는 사기를 잃은 로마군에게 마지막 공격을 퍼부었다. 그가 오목거울을 가리던 천을 걷자 강한 빛이 로마군의 배에 쪼여지더니 연기가 나면서 불타오르기 시작했다. 그는 오목거울이 태양빛을 한 점에 모아 강한 빛이 되게 만든다는 것을 이용한 것이었다.

하지만 아르키메데스의 노력에도 불구하고 시라쿠사는 큰 위기를 맞이하게 되었다. 로마의 마르셀루스 장군은 시라쿠사 사람으로 위장한

로마 군인들을 시라쿠사로 보내 로마를 지지하는 사람들을 많이 만들었다. 그들의 꼬임에 넘어간 시라쿠사 사람들은 전쟁이 모두 끝난 것으로 생각하고 신을 모시는 축제를 일삼다가 로마군의 기습공격에 그만 무너지고 말았다.

당시 아르키메데스는 해안가 모래밭에서 열심히 도형을 그리며 기하학 연구를 하고 있었다. 그 때 로마 군인이 그가 그린 그림을 밟자 그는 로마 군인에게 '내 원을 밟지 마라.'라고 소리쳤다. 이에 화가 난 로마 군인은 그 자리에서 그를 죽여 버렸습니다.

아르키메데스가 죽었다는 소식을 들은 로마의 마르셀루스 장군은 매우 슬퍼했다. 그는 아르키메데스의 수학과 물리학에서의 재능을 아꼈기

때문이었다. 마르셀루스 장군은 아르키메데스의 무덤 앞에 아르키메데스의 가장 위대한 수학 연구 중 하나인 원기둥 속에 공이 들어 있는 그림을 그려 묘비에 새겨주었다.

수학서술수업

1) 반지름이 10cm인 원의 넓이를 원주율 π를 이용해 나타내 보자.

2) 밑면의 반지름이 5cm이고 높이고 10cm인 원기둥의 부피를 원주율 π를 이용해 나타내 보자.

교과 연계 내용

아주 옛날 이집트 사람들은 원의 넓이에 대한 신기한 공식을 가지고 있었다. 그것은 다음과 같다.

- 원의넓이 = 지름에서 지름의 9분의 1을 뺀 값의 제곱

이들의 공식은 지름의 $\frac{8}{9}$의 제곱이 원의 넓이임을 나타낸다.

$$\text{원의 넓이} = (\frac{8}{9} \times \text{지름})^2$$

한편 지름은 반지름의 2배이므로 이 식은 다음과 같이 쓸 수 있다.

$$\text{원의 넓이} = (\frac{16}{9} \times \text{반지름})^2$$

$(\square \times \triangle)^2 = \square^2 \times \triangle^2$을 이용하여 이 식을 정리하면 다음과 같다.

$$\text{원의 넓이} = \left(\frac{16}{9}\right)^2 \times (\text{반지름})^2$$

그러므로 이집트 사람들이 생각한 π의 값은 $\left(\frac{16}{9}\right)^2$이다. 이것을 계산기를 이용하여 구해보면 다음과 같다.

$$3.16049\cdots$$

물론 이 값은 π의 정확한 값과 차이가 난다. 그럼 이집트 사람들은 왜 이런 생각을 했을까? 그것은 바로 경험을 통해 정사각형의 한 변의 길이가 원의 지름의 9분의 8배쯤 될 때 원의 넓이와 정사각형의 넓이가 같아진다고 생각했기 때문이다.

교과 연계 내용

원주율 π를 수열의 합으로 나타내 보자. 먼저 1에서 $\frac{1}{3}$을 빼고 전체에 4배를 한다. 그리고 소수 둘째 자리까지 계산해보면

$$4 \times \left(1 - \frac{1}{3}\right) = 2.67$$

괄호 안에 $\frac{1}{5}$을 더하고 $\frac{1}{7}$을 빼면

$$4 \times \left(1 - \frac{1}{3} + \frac{1}{5} - \frac{1}{7}\right) = 2.90$$

괄호 안에 $\frac{1}{9}$을 더하고 $\frac{1}{11}$을 빼면

$$4\times(1-\frac{1}{3}+\frac{1}{5}-\frac{1}{7}+\frac{1}{9}-\frac{1}{11})=2.98$$

괄호 안에 $\frac{1}{13}$을 더하고 $\frac{1}{15}$을 빼면

$$4\times(1-\frac{1}{3}+\frac{1}{5}-\frac{1}{7}+\frac{1}{9}-\frac{1}{11}+\frac{1}{13}-\frac{1}{15})=3.02$$

괄호 안에 $\frac{1}{17}$을 더하고 $\frac{1}{19}$을 빼면

$$4\times(1-\frac{1}{3}+\frac{1}{5}-\frac{1}{7}+\frac{1}{9}-\frac{1}{11}+\frac{1}{13}-\frac{1}{15}+\frac{1}{17}-\frac{1}{19})=3.04$$

값이 점점 커지는 것을 알 수 있다. 이런 방법에 의해 우리는 원주율 π를 수열의 합으로 나타낼 수 있다. 이런 식으로 계속 더해나가면 원주율을 더 정확하게 계산할 수 있다. 그러니까 원주율을 수열의 합으로 나타내면 다음과 같다.

$$\pi=4\times(1-\frac{1}{3}+\frac{1}{5}-\frac{1}{7}+\frac{1}{9}-\frac{1}{11}+\frac{1}{13}-\frac{1}{15}+\cdots)$$

괄호 안을 보면 홀수들의 역수가 한번은 더해지고 한번은 빼지는 규칙으로 되어있다는 것을 알 수 있다. 컴퓨터는 이 규칙을 통해 원주율 π를 소수점 아래 1조 자리까지 계산할 수도 있다. 하지만 어떤 숫자들이 반복되는 일은 없다. 그러므로 원주율 π는 순환하지 않는 무한소수이다. 즉 무리수이다.

06

수의 규칙에 도전한 수학자들

1 피보나치 수열의 발견

수가 어떤 규칙으로 배열되는 것을 수열이라고 한다. 예를 들어, 1, 3, 5, 7을 보면 수들 사이의 차가 2로서 일정하므로 이 네 수는 수열을 이룬다. 이렇게 수들 사이의 재미있는 규칙을 처음 알아낸 사람은 본명 보다 피보나치라는 이름으로 알려진 이탈리아 피사의 레오나르도이다.

피보나치는 1170년 이탈리아 피사에서 태어났다. 어린 시절 그는 상인인 아버지를 따라 이집트, 시칠리아, 그리스 등을 자주 방문하면서 인도와 아라비아 사람들에게 수학을 배웠다. 1202년 그는 고향으로 돌아와 유명한 수학책 <산반서, Liber abaci>를 썼다. 이 책은 산술과 대수에 대한 내용을 담고 있는 데 이 책에서 그는 1차, 2차 방정식의 해법, 분수의 계산등에 대해 썼다. 하지만 이 책에서 가장 위대한 업적은 피보나치 수열이라고 알려진 재미있는 수들의 발견이었다. 그가 발견한 재미난 수열은 1, 1, 2, 3, 5, 8. 13, 21, 34,55, 89 … 인데 앞의 두 수를 더하면 그 다음 수가 나오는 규칙을 가지고 있었다.

피보나치는 자신의 책에서 '암수 토끼 한 쌍은 매달 한 쌍의 토끼를 낳으며 새로 태어난 토끼도 태어난 지 두 달 후부터 매달 한 쌍의 토끼를 낳는다고 가정할 때 1년 후 몇 쌍의 토끼가 되는가?'하는 문제를 제시하고 이 문제의 해답이 피보나치의 수열을 이룬다는 것을 알아냈다.

이 문제를 풀어보면, 먼저 토끼가 갓 태어난 새끼 한 쌍으로 시작했다고 하면 1개월 및 2개월 동안은 새끼 1쌍이 그대로 있고, 셋째 달에 암수 새끼 1쌍을 낳았기 때문에 총 암수 2쌍이 된다. 넷째 달에 암수 어미 한 쌍이 또 암수 1쌍을 낳아 총 3쌍이 되고, 다섯 째 달에는 어미가 또다시 1쌍을 낳고, 새끼도 어른이 되어 1쌍을 낳아 총 5쌍이 된다. 매달 암수 쌍의 수를 수열로 나열하면 1, 1, 2, 3, 5, 8, 13,…이 되어 피보나치 수열이 된다.

피보나치 수열은 자연속에서 많이 나타난다. 예를 들어 한 변의 길이가 피보나치 수열을 이루는 정사각형을 그린 다음 다음과 같이 곡선으로 연결하면 자연 속에서 흔히 발견되는 나선이 만들어진다. 솔방울의 나선의 수는 1, 2, 3, 5, 8 등이 되어 피보나치 수열을 이룬다.

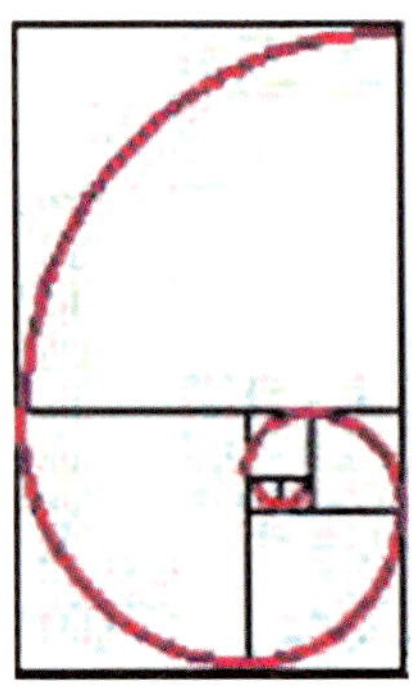

피보나치는 〈산반서〉 이외에도 두 권의 수학책을 썼는데 그 중 한 권은 이자 계산을 비롯한 상인

들을 위한 수학을 다룬 내용이다. 이 책에서 피보나치는 로마 숫자가 상인들에게 얼마나 불편한 지를 알리고 인도 아라비아 숫자를 사용해 계산하는 것이 편리하다는 것을 알려 주었다. 피보나치가 쓴 또 다른 책은 유클리드의 〈원론〉에 대한 해설서이다. 하지만 아쉽게도 이 두 책은 현재 전해져 내려오지 않는다.

수학서술수업

1) 피보나치 수열의 12번째 항을 구하라.

교과 연계 내용

피보나치수열의 신비

피보나치수열은 신비한 성질이 있다. 다음 피보나치수열을 보자.

$$1, 1, 2, 3, 5, 8, 13, 21, 34, \cdots$$

이 수열의 다섯 번째 수인 5부터는 재미난 규칙을 찾을 수 있다.

다섯 번째 수를 세 번째 수로 나눈 몫과 나머지를 구해보자.

$$5 \div 2 = 2 \cdots 1$$

여섯 번째 수를 네 번째 수로 나눈 몫과 나머지를 구해보자.

$$8 \div 3 = 2 \cdots 2$$

일곱 번째 수를 다섯 번째 수로 나눈 몫과 나머지를 구해보자.

$$13 \div 5 = 2 \cdots 3$$

여덟 번째 수를 여섯 번째 수로 나눈 몫과 나머지를 구해보자.

$$21 \div 8 = 2 \cdots 5$$

아홉 번째 수를 일곱 번째 수로 나눈 몫과 나머지를 구해보자.

$$34 \div 13 = 2 \cdots 8$$

몫이 항상 2가 됨을 알 수 있다. 그리고 나머지만을 차례로 써 보면

$$1, 2, 3, 5, 8, \cdots$$

이 된다. 즉 나머지들이 다시 피보나치수열이 된다.

교과 연계 내용

피보나치 수열의 또 다른 신기한 성질

피보나치 수열의 이웃한 두 항을 나누어 분수로 나타내 보자.

$$(\text{제}2\text{항}) \div (\text{제}1\text{항}) = 1$$

$$(\text{제}3\text{항}) \div (\text{제}2\text{항}) = 2$$

$$(\text{제}4\text{항}) \div (\text{제}3\text{항}) = \frac{3}{2}$$

$$(\text{제}5\text{항}) \div (\text{제}4\text{항}) = \frac{5}{3}$$

자연수는 분모가 1인 분수로 나타낼 수 있다. 즉 $1=\frac{1}{1}$로 나타낼 수 있으므로

$$(\text{제2항})\div(\text{제1항})=1=\frac{1}{1}$$

$$(\text{제3항})\div(\text{제2항})=2=1+\frac{1}{1}$$

$$(\text{제4항})\div(\text{제3항})=\frac{3}{2}=1+\frac{1}{2}$$

$$(\text{제5항})\div(\text{제4항})=\frac{5}{3}=1+\frac{2}{3}$$

여기서 두 번째 식에서 $2=1+\frac{1}{1}$를 세 번째 식에 넣으면

$$(\text{제2항})\div(\text{제1항})=1=\frac{1}{1}$$

$$(\text{제3항})\div(\text{제2항})=2=1+\frac{1}{1}$$

$$(\text{제4항})\div(\text{제3항})=\frac{3}{2}=1+\cfrac{1}{1+\cfrac{1}{1}}$$

$$(\text{제5항})\div(\text{제4항})=\frac{5}{3}=1+\frac{2}{3}$$

네 번째 식에서 $\frac{2}{3}$를 분자가 1인 분수로 바꾸면 $\cfrac{1}{\cfrac{3}{2}}$이다. 이렇게 분

자나 분모가 분수로 쓰여 있는 분수를 번분수라고 부른다.

세 번째 식을 보면 $\frac{3}{2}=1+\cfrac{1}{1+\cfrac{1}{1}}$ 이므로 $\cfrac{1}{\frac{3}{2}}$ 는 $\cfrac{1}{1+\cfrac{1}{1+\cfrac{1}{1}}}$ 로 쓸 수 있다. 그러니까 네 번째 식도 1만으로 나타낼 수 있다. 그러니까 모두 써 보면 다음과 같다.

$$(\text{제2항})\div(\text{제1항}) = \frac{1}{1}$$

$$(\text{제3항})\div(\text{제2항}) = 1+\frac{1}{1}$$

$$(\text{제4항})\div(\text{제3항}) = 1+\cfrac{1}{1+\cfrac{1}{1}}$$

$$(\text{제5항})\div(\text{제4항}) = 1+\cfrac{1}{1+\cfrac{1}{1+\cfrac{1}{1}}}$$

2 수학의 왕, 가우스

일정한 규칙을 갖는 수들의 합을 계산한 공식을 처음 발견한 사람은 수학의 왕으로 알려진 독일의 가우스이다. 가우스는 1777년 독일에서 가난한 집안의 외동아들로 태어났다. 그의 아버지는 벽돌공과 정원사를 했는데 워낙 성질이 난폭해서 가족들에게 환영을 받지 못했다. 가우스는 어린 시절 외삼촌 프리드리히에게 수학을 배웠다. 프리드리히는 베 짜는 일을 하고 있었지만 수학을 좋아해 자신의 조카에게 자신이 알고 있는 수학을 모두 알려 주었다.

가우스가 수열의 합 공식을 처음 알아낸 것은 놀랍게도 초등학교 다닐 때인 아홉 살 때였다. 어느 날 초등학교 교사인 뷔트너가 수업시간에 아이들에게 1부터 100까지의 자연수를 모두 더하라는 문제를 냈다. 뷔트너는 아이들이 이 계산을 마치려면 긴 시간이 필요할 것이라고 생각했는 데 갑자기 가우스가 단 몇 초 만에 정답을 얘기했다. 그는 1과 100, 2와 99, 3과 98처럼 두 수를 짝지우면 두 수의 합이 항상 101이 되고 이런 짝이 50개가 있으므로 답은 50과 101의 곱인 5050이라고 말했다. 이것은 수열의 합을 구하는 최초의 공식이었다.

가우스의 천재성에 감명을 받은 뷔트너는 가우스가 더 높은 수준의 수학을 배울 수 있도록 중학교에 조기 진학하도록 힘써주었다. 열 네 살에 중등교육을 모두 마친 가우스는 브라운 슈바이크 공작의 후원을 받아 과학아카데미에서 공부를 한 후 괴팅겐 대학에 입학했다.

대학시절 가우스는 수 많은 발명을 했고 수학자들이 해결하지 못한 문제에 도전했다. 가우스는 오랜 미해결 문제인 정십칠각형을 자와 컴퍼스만으로 작도하는 데 성공했다. 그 후 그는 정257각형, 정65537각형도 똑같은 방법으로 그릴 수 있다는 것을 알아냈다.

가우스는 수학일기를 쓰는 것으로 유명하다. 그의 수학일기는 가우스가 죽은 후 유족에 의해 발견되었는데 수학일기는 자신이 새롭게 발견한 내용을 한 두 줄로 요약해 둔 것이었다. 예를 들어 1763년 3월 30일의 일기장에는 '원을 17등분할 수 있음.'이라는 간단한 메모가 적혀 있었고 1796년 7월 10일의 일기장에는 '유레카!! 수 = △ + △ + △'라는 암호일기가 적혀 있었는데 이것은 임의의 정수가 세 개의 삼각수의 합으로 나타낼 수 있다는 것을 나타낸다. 1796년 10월 21일의 일기장에는 '나는 거인을 정복했다.'라고 씌여 있는 데 이것이 무엇을 뜻하는 지는 알려져 있지 않다.

소행성 케레스를 발견하는 등 천문학에도 관심이 많았던 가우스는 1807년 괴팅겐 대학 교수와 천문대장을 겸임했다. 하지만 천문대장이라고 해도 조수 한 명 없이 가우스 혼자 천체를 관측하고 계산을 하면서 동시에 강의도 해야 했다. 당시 독일은 프랑스의 나폴레옹이 점령한 상태였기 때문에 점령지의 수학자인 가우스에는 아주 적은 급료가 지급되었다. 가우스는 생활이 힘들었지만 이를 극복하고 전기와 자기에 대한 수많은 연구를 했다. 전기에 대한 유명한 가우스 법칙이 나온 것도 이때의 일이다.

가우스는 말년에 자신의 제자인 리만과 함께 새로운 기하학을 만드는 일에 뛰어 들었다. 유클리드의 기하학은 평면에서만 적용되는데 가우스와 리만은 수박 면과 같은 구면에서 적용되는 새로운 기하학을 만든 것이다. 가령 평면에 삼각형을 그리면 세 각의 합이 180도가 되지만 구면에 삼각형을 그리면 삼각형의 세 각의 합이 180도 보다 커진다는 것이다. 이 새로운 기하학은 가우스가 죽고 리만이 본격적으로 연구해 리만 기하학이라는 이름으로 불리게 되었다.

수학서술수업

1) 가우스의 방법에 의해 $3+4+5+\cdots+99$을 계산하라.

2) 가우스의 방법에 의해 $3+6+9+12+15+\cdots+300$을 계산하라.

교과 연계 내용

수열의 합 공식

가우스의 공식을 이용해 1부터 10까지 수의 합을 어떻게 계산해 보자. 물론 $1+2=3$, $3+3=6$, $6+4=10$ 이렇게 차례대로 더할 수 있지만 시간이 너무 많이 걸린다. 1부터 10까지를 차례로 써 보자.

1 2 3 4 5 6 7 8 9 10

거꾸로 10부터 1까지를 그 밑에 써 보자.

$$\begin{matrix} 1 & 2 & 3 & 4 & 5 & 6 & 7 & 8 & 9 & 10 \\ 10 & 9 & 8 & 7 & 6 & 5 & 4 & 3 & 2 & 1 \end{matrix}$$

위아래 두 수의 합이 항상 11이 되고 11이 10묶음 있으므로 위의 수들의 합은 11의 10배인 110이 된다. 그러므로 1부터 10까지의 합은 110의 절반인 55이다.

$$1+2+3+4+5+6+7+8+9+10=55$$

이 방법은 이웃하는 수들 사이의 차이가 일정한 수열일 때 적용된다. 예를 들어 다음 수열의 합을 계산해 보자.

$$3+5+7+9+11+13+15$$

먼저 거꾸로 더한 것을 밑에 쓰자

$$3+5+7+9+11+13+15$$

$$15+13+11+9+7+5+3$$

그리고 위아래 두 수의 합이 18이고 모두 7묶음이 있으므로 전체 수들의 합은 $18\times7=126$이고 우리가 구하는 합은 그 값의 절반인 63이다.

$$3+5+7+9+11+13+15=63$$

영재 페이지

일정한 수가 곱해지는 수열의 합

일정한 수가 곱해지는 수열의 합을 구하는 방법에 대해 알아보자. 예를 들어 다음과 같은 수열의 합을 구할 수 있는 공식을 찾아보자.

$$1+2+4+8+16+32+64$$

이 수열은 2씩 곱해지는 수열이다. 우리가 구하고 싶어 하는 합을 [가]라고 하자. 그리고 다음과 같이 거듭제곱을 이용하자.

$$4=2\times2=2^2$$

$$8=2\times2\times2=2^3$$

$$16=2\times2\times2\times2=2^4$$

$$32=2\times2\times2\times2\times2=2^5$$

$$64=2\times2\times2\times2\times2\times2=2^6$$

이렇게 2를 여러 번 곱한 것을 2의 거듭제곱이라고 부른다. $2\times2\times2$처럼 2를 세 번 곱한 것을 2^3이라고 쓴다. 또한 2처럼 2가 한 번 나타나는 것을 2^1이라고 쓴다. 이제 원래의 수열의 합을 다음과 같이 쓸 수 있다.

$$[가]=1+2+2^2+2^3+2^4+2^5+2^6$$

이 식의 양변에 2를 곱하면

$$2\times[가]=2+2^2+2^3+2^4+2^5+2^6+2^7$$

여기서 우리는 다음과 같은 법칙을 이용했다.

$$2^{\square}\times2^{\triangle}=2^{\square+\triangle}$$

이것을 지수법칙이라고 부른다.

첫 번째 식의 양변에서 1을 빼면 다음과 같다.

$$[가]-1=2+2^2+2^3+2^4+2^5+2^6$$

이것을 두 번째 식에 넣어 보자.

$$2\times[가]=[가]-1+2^7$$

2×[가]는 [가]를 두 번 곱한 것이므로 [가] + [가]이다.

$$[가]+[가]=[가]-1+2^7$$

양변에 똑같이 [가]가 더해져 있으므로 다음 식이 성립한다.

$$[가]=2^7-1=128-1=127$$

그러니까 다음과 같다.

$$1+2+4+8+16+32+64=127$$

이렇게 일정한 수가 곱해지는 수열의 합도 쉽게 구할 수 있다.

07 정수의 신비에 도전한 수학자들

1 클리드, 소수를 처음 정의하다

소수는 1과 자기 자신 만을 약수로 갖는 수로 다음과 같다. 예를 들어, 2는 1과 2로만 나누어지므로 소수이지만 4는 1과 2와 4로 나누어지므로 소수가 아니다. 즉, 소수는 반드시 두 개의 약수만을 가지게 되는 데 몇 개의 소수를 나열하면 다음과 같다.

$$2, 3, 5, 7, 11, 13, 17, 19, \cdots$$

4처럼 소수가 아닌 수는 약수의 개수가 3개 이상이 되는데 이 수는 합성수라고 부른다. 1은 약수의 개수가 한 개인 유일한 수이므로 소수도 합성수도 아니다. 그러므로 유클리드의 분류에 의하면 자연수는 1과 소수와 합성수로 나눌 수 있다.

소수는 그리스사람들이 처음 발견했을까? 결론적으로 말하면 그렇지 않다. 고고학자들의 발견에 의하면 인류는 아주 오래 전부터 소수를 알고 있었다. 적도를 지나는 중앙아프리카 산맥에서 유물을 찾던 고고학자들이 기원전 6500년 전 것으로 보이는 동물의 뼈를 발견했는데 그 뼈에는 소수를 나타내는 눈금이 새겨져 있었다. 동물의 뼈에 새겨진 금을 헤아려 보니 11개, 13개, 17개, 19개로 소수에 해당하는 눈금만 새겨져 있었다. 이 뼈는 고고학자들의 기증으로 벨기에 브뤼셀에 있는 왕립자연과학연구소에 보관되었는데 고대 수학연구회는 이 뼈에 새긴 눈금이 소수인 걸로 보아 이 뼈가 소수를 가르치는 교재도구로 사용된 것이 아닌가 생각하고 있다. 만일 이 가설이 사실이라면 인류는 적어도 기원전 6500년 전에 소수를 알고 있었던 셈이다.

기원전 323년 알렉산더 대왕의 갑작스러운 죽음으로 그를 섬기던 장군들에 의해 그가 지배하고 있던 수많은 영토들이 여러 나라로 나뉘어졌다. 그 중 이집트 땅은 프톨레마이오스가 지배했는데 그는 알렉산드리아에 무세이움(museum)이라는 수학 연구소를 만들어 세계적인 학자들을 연구소에서 일하게 했다.

이 연구소에 세계에서 가장 위대한 수학책으로 일컬어지는 《원론(Elements)》의 저자인 유클리드가 있었다. 유클리드의 생애에 대해서는 거의 알려진 것이 없고 그가 알아낸 수학적인 업적은 기원전 300년에 쓰여 진 그의 책 《원론》을 통해서 알려져 있다.

▶ 유클리드

유클리드의 《원론》은 13권으로 이루어져 있다. 이 책은 수에 대한 내용 뿐 아니라 도형에 대한 많은 내용을 다루고 있다.

▶ 유클리드의 원론

《원론》의 7권, 8권, 9권에서 수에 대한 내용을 다루고 있는 데 그 중 7권이 자연수의 성질에 대한 입문서이다. 7권에서 유클리드는 짝수를 두 개의 같은 자연수의 합으로 나타낼 수 있는 수, 홀수를 그렇지 않은 수로

▶ 유클리드 원론의 표지

정의했다. 예를 들어 짝수 4는 2+2로 쓸 수 있지만 홀수인 5는 두 개의 같은 자연수의 합으로 나타낼 수 없다.

7권에서 유클리드는 소수를 처음 정의했다. 유클리드는 모든 합성수를 소수들만의 곱으로 나타낼 수 있음을 알아냈다. 예를 들어 합성수 6은 $6=2\times3$으로 나타낼 수 있는 데 이때 2와 3은 소수이다. 이렇게 합성수를 소수들의 곱만으로 나타낼 때 사용된 소수를 소인수라고 부르고 소인수들의 곱으로 나타내는 것을 소인수분해라고 부른다.

이것은 마치 화합물이 더 이상 쪼갤 수 없는 가장 작은 원자로 이루어져 있듯 임의의 자연수를 화합물처럼 소수를 원자처럼 간주한다면 소수가 경이로운 수라는 것을 알 수 있다. 소수는 고대 그리스 수학에서 중요한 역할을 했고 소수에 대한 많은 연구 결과는 유클리드의 〈원론〉에 수록되어 있다.

《원론》 8권에서는 주로 비례에 대한 내용을 다루고 있다. 예를 들어 세 수 1, 2, 4를 보면 1의 두 배가 2가 되고 2의 두 배가 4가 된다. 이렇게 나열되는 수의 열을 등비수열이라고 부른다. 유클리드는 세 수가 등비수열을 이룰 때 1:2 = 2:4와 같은 비례식이 성립한다는 것을 처음 알아냈다.

《원론》 9권에서 가장 중요한 내용은 소수가 무한히 많다는 것이다. 유클리드는 이것을 증명하기 위해 부정의 부정은 긍정이라는 논리를 사용했다. 유클리드의 이 증명방법은 주어진 명제가 성립하지 않는다고 가정한 후 모순이 발생한다는 것을 보여 주어진 명제가 성립해야함을 증명하는 식이다. 유클리드의 명제를 다시 쓰면 다음과 같다.

'소수는 무한히 많다.'

주어진 명제가 성립하지 않으면 소수의 개수가 유한하다. 그렇다면 가장 큰 소수가 존재한다. 이렇게 가정했을 때 생기는 모순을 통해 유클리드는 소수가 무한히 많음을 증명하는 것이다. 예를 들어 5가 소수 중에서 가장 큰 수라고 가정해보자. 그러면 소수는 2, 3, 5 세 개 뿐이다. 예를 들어 $2 \times 3 \times 5 + 1$을 보자. 이 수는 31이다. 이 수는 2로 나누어지지도 않고 3으로 나누어지지도 않고 5로 나누어지지도 않는다. 그러므로 만일 소수가 세 개 뿐이라면 이 수는 소수이다. 그런데 이 수는 5보다 크므로 5가 가장 큰 소수라는 가정과 논리적으로 맞지 않는다. 이럴 때 우리는 모순이 생겼다고 한다. 그러므로 우리는 잘못된 가정을 버려야 한다. 그러므로 5가 가장 큰 소수라는 가정은 틀린 얘기가 된다. 일반적인 유클리드의 증명은 영재들을 위한 페이지에 주어져 있다.

9권에 등장하는 또 하나의 중요한 명제는 완전수에 대한 일반 공식이다. 명제를 쓰면 다음과 같다.

'모든 완전수는 2의 거듭제곱과 소수와의 곱이다.'

우리가 알고 있는 네 개의 완전수 6, 28, 496, 8128을 소인수 분해하면 다음과 같다.

$$6 = 2 \times 3$$

$$28 = 2^2 \times 7$$

$$496 = 2^4 \times 31$$

$$8128 = 2^6 \times 127$$

따라서 유클리드의 명제가 성립한다는 것을 알 수 있다.

소수를 일반적으로 찾을 수 있는 방법을 처음으로 제시한 사람은 지구의 반지름을 처음 측정한 것으로 유명한 그리스의 에라토스테네스이다.

그는 소수가 아닌 수를 걸러내면서 소수만을 남기는 방법으로 1부터 어떤 자연수까지 소수를 모두 찾아내는 방법을 알아냈는데 마치 체를 통해 불순물을 걸러내는 과정과 비슷하다고 해서 이 방법을 에라토스테네스의 체라고 부른다.

수학서술수업

1) 84를 소인수분해 하라.

2) 48과 60의 공약수를 구하라.

3) 108과 144의 최대공약수를 구하라.

4) 세 수 40, 48, 128의 최대공약수를 구하라.

5) 유클리드의 호제법을 이용하여 45와 180의 최대공약수를 구하라.

6) 3과 8의 공배수를 구하라.

7) 24와 60의 최소공배수를 구하라.

8) 에라토스테네스의 체를 이용하여 1부터 100까지의 수 중 소수를 모두 골라라.

9) 다음 중 소수가 아닌 것은?

a) 23 b) 51 c) 67

답 b) $51 = 3 \times 17$이므로 3의 배수이다.

교과 연계 내용

1) 공약수와 최대공약수

공약수에 대해 알아보자. 12의 약수를 모두 쓰면

$$1,\ 2,\ 3,\ 4,\ 6,\ 12$$

이다. 이번에는 18의 약수를 모두 써보자.

$$1,\ 2,\ 3,\ 6,\ 9,\ 18$$

12의 약수이면서 동시에 18의 약수인 수를 쓰면

$$1,\ 2,\ 3,\ 6$$

이 되는데, 이것을 두 수 12와 18의 공약수라고 부른다. 이 중에서 가장 큰 수는 6인데 이것을 최대 공약수라고 부른다. 즉, 12와 18의 최대공약수는 6이다. 두 수의 공약수는 두 수의 최대공약수의 약수라는 사실을 알 수 있다.

정리하면 다음과 같다.

- 두 개 이상의 자연수의 공통인 약수를 공약수라고 하고 그 중 가장 큰 수를 최대공약수라고 부른다.
- 두 자연수의 공약수는 최대공약수의 약수이다.

이제 어떤 두 수의 최대공약수를 구하는 방법에 대해 알아보자.

예를 들어 36과 90의 최대공약수를 구해보자.

36을 소인수 분해하면

$$36 = 2^2 \times 3^2$$

이 되고 90을 소인수분해하면

$$90 = 2 \times 3^2 \times 5$$

이 된다. 이것을 거듭제곱을 쓰지 말고 소인수들의 곱으로 쓴다.

$$36 = 2 \times 2 \times 3 \times 3$$

$$90 = 2 \times 3 \times 3 \times 5$$

두 수의 소인수 분해에 들어있는 공통인 소수의 개수를 나열한다.

	36	90
2	2개	1개
3	2개	2개
5	0개	1개

이때 두 수의 소인수분해에 포함된 소수의 개수가 작은 쪽을 체크하자.

	36	90
2	2개	1개
3	2개	2개
5	0개	1개

따라서 2를 1개, 3을 2개 곱하면

$$2 \times 3 \times 3 = 18$$

이 되는데 이것이 바로 두 수 36과 90의 최대공약수이다.

이번에는 세 수의 최대공약수를 구하는 방법을 알아보자. 예를 들어 12, 42, 60의 최대공약수를 구해보자.

세 수를 공통의 소인수로 계속 나눈다. 이 과정은 더 이상 세 수의 공통 소인수가 없을 때 까지 한다.

$$\begin{array}{r|rrr} 2 & 12 & 42 & 60 \\ \hline 3 & 6 & 21 & 30 \\ \hline & 2 & 7 & 10 \end{array}$$

이때 공통의 소인수인 2와 3을 곱하면 그것이 세 수의 최대공약수이다. 그러므로 세 수 12, 42, 60의 최대공약수는 $2 \times 3 = 6$이다.

이번에는 '서로 소'에 대해 알아보자.

9와 10의 공약수를 구해보자. 9의 약수는 1, 3, 9이고 10의 약수는 1, 2, 5, 10이다. 이때 9와 10의 공약수는 1뿐인데 이렇게 두 수의 공약수가 1뿐일 때 두 수는 '서로 소'라고 한다. 즉, 9와 10은 서로 소이다.

2) 공배수와 최소공배수

이번에는 공배수에 대해 알아보자. 3의 배수를 모두 써보면

$$3, 6, 9, 12, 15, \cdots$$

이 된다. 그리고 4의 배수를 모두 쓰면

$$4, 8, 12, 16, 20, 24, \cdots$$

이 된다. 여기서 3의 배수이면서 동시에 4의 배수인 것을 쓰면

$$12, 24, 36, \cdots$$

이 된다. 이것을 3과 4의 공배수라고 부른다.

공배수들 중에서 제일 작은 수 12를 최소공배수라고 부른다. 두 수의 공배수는 바로 최소공배수의 배수라는 것을 알 수 있다.

● 두 개 이상의 자연수의 배수들 중에서 공통인 수를 공배수라고 하고 그 중 가장 작은 수를 최소공배수라고 부른다.

이제 어떤 두 수의 최소공배수를 구하는 방법에 대해 알아보자. 예를 들어 24와 60의 최소공배수를 구해보자. 24를 소인수 분해하면

$$24 = 2^3 \times 3$$

이 되고 60을 소인수분해하면

$$60 = 2^2 \times 3 \times 5$$

이 된다. 이것을 거듭제곱을 쓰지 말고 써보자.

$$24 = 2 \times 2 \times 2 \times 3$$

$$60 = 2 \times 2 \times 3 \times 5$$

두 수의 소인수 분해에 들어있는 공통인 소수의 개수를 나열해 보자.

	24	60
2	3개	2개
3	1개	1개
5	0개	1개

이때 두 수의 소인수분해에 포함된 소수의 개수가 큰 쪽을 체크해 보자.

	24	60
2	3개	2개
3	1개	1개
5	0개	1개

따라서 2를 3개, 3을 1개, 5를 1개 곱하면

$$2\times2\times2\times3\times5=120$$

이 되는데 이것이 바로 두 수 24와 60의 최소공배수이다.

세 수의 최소공배수를 구하는 방법을 알아보자. 예를 들어 12, 42, 60의 최소공배수를 구해 보자.

우선 공통의 소인수로 나눈다.

$$\begin{array}{r|rrr} 2 & 12 & 42 & 60 \\ \hline 3 & 6 & 21 & 30 \\ \hline & 2 & 7 & 10 \end{array}$$

세 수 2,7,10 중 두 수의 공약수가 있어도 이 과정을 계속한다. 즉, 2와 10의 공약수가 2이므로 2로 나눈 몫을 내려쓴다. 이때 7은 그대로 내려온다.

$$
\begin{array}{r|rrr}
2 & 12 & 42 & 60 \\ \hline
3 & 6 & 21 & 30 \\ \hline
2 & 2 & 7 & 10 \\ \hline
 & 1 & 7 & 5
\end{array}
$$

세 수 1, 7, 5 중 어떤 두 수도 공약수가 없으므로 여기서 멈춘다. 이때 최소공배수는 $2\times3\times2\times1\times7\times5=420$가 된다.

3) 소인수 분해

모든 합성수는 소수의 곱만으로 나타낼 수 있다. 이렇게 어떤 자연수를 소수들만의 곱으로 나타내는 것을 소인수분해라고 한다.
예를 들어 60을 소인수분해 해보자. 두 가지 방법이 있다.

먼저 60을 두 수의 곱으로 써보자. 예를 들어 2×30이라고 썼다면 다음과 같이 나타내자

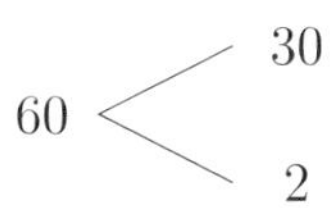

2는 소수이니까 놔두고 30을 다시 두 수의 곱으로 나타낸다. 예를 들어 $30=2\times15$라고 했다면

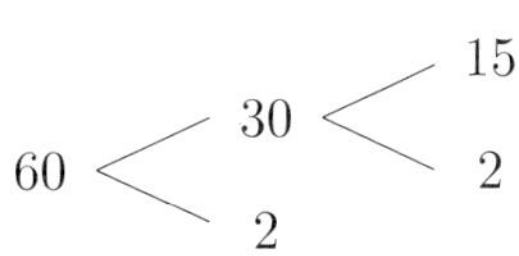

다시 15를 두 수의 곱으로 나타낸다. 예를 들어 $15=3\times5$라고 했다면

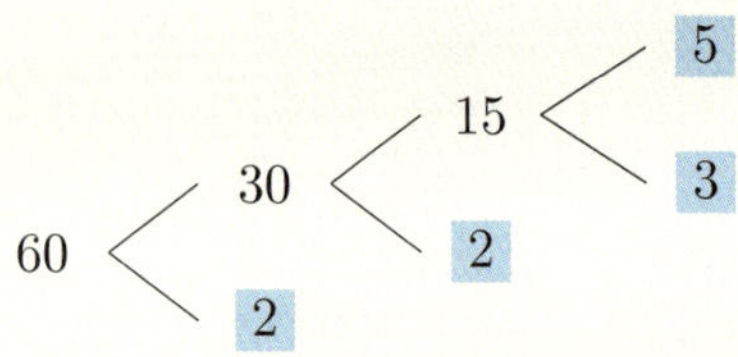

이제 소수들만 나타나므로 여기서 스톱. 그러니까 60을 소인수분해하면

$$60=2\times2\times3\times5=2^2\times3\times5$$

이 된다.

두 번째 방법은 작은 소수부터 차례로 나누는 방법이다. 60을 2로 나누면 몫이 30이다. 이것을 다음과 같이 쓴다.

$$\begin{array}{r|l} 2 & 60 \\ \hline & 30 \end{array}$$

30을 소수 2로 나누면 몫이 15이다. 이것을 다음과 같이 쓴다.

$$\begin{array}{r|l} 2 & 60 \\ \hline 2 & 30 \\ \hline & 15 \end{array}$$

15는 2로 안 나누어지므로 3으로 나눈다. 이때 몫이 5이므로 이것을 다음과 같이 쓴다.

$$
\begin{array}{r|l}
2 & 60 \\ \hline
2 & 30 \\ \hline
3 & 15 \\ \hline
 & 5
\end{array}
$$

5는 소수이므로 여기서 스톱. 그러니까 60을 소인수분해하면

$$60 = 2 \times 2 \times 3 \times 5 = 2^2 \times 3 \times 5$$

이 된다.

4) 에라토스테네스의 체

에라토스테네스의 방법으로 1부터 50까지 수 중에서 소수를 모두 찾아보자. 우선 1부터 50까지의 수를 모두 적는다.

1	2	3	4	5	6	7	8	9	10
11	12	13	14	15	16	17	18	19	20
21	22	23	24	25	26	27	28	29	30
31	32	33	34	35	36	37	38	39	40
41	42	43	44	45	46	47	48	49	50

우선 1은 소수가 아니니까 지운다. 2는 소수이지만 2를 제외한 2의 배수를 모두 써보면

$$4,\ 6,\ 8,\ 10,\ \cdots$$

가 되는데 이 수들은 모두 2를 약수로 가지므로 소수가 아니다. 그러므로 2를 제외한 2의 배수를 모두 지우면 다음 수들이 남는다.

	2	3		5		7		9	
11		13		15		17		19	
21		23		25		27		29	
31		33		35		37		39	
41		43		45		47		49	

2 다음으로 작은 소수는 3이다. 같은 방법으로 3을 제외한 모든 3의 배수를 지우면 다음 수들이 남는다.

	2	3		5		7			
11		13				17		19	
		23		25				29	
31				35		37		39	
41		43				47		49	

같은 방법으로 5를 제외한 모든 5의 배수를 지우면 다음과 같이 된다.

	2	3		5		7			
11		13				17		19	
		23						29	
31						37		39	
41		43				47		49	

같은 방법으로 7을 제외한 7의 배수를 모두 지우면 다음과 같이 된다.

	2	3		5		7			
11		13				17		19	
		23						29	
31						37		39	
41		43				47			

다음에는 11을 제외한 11의 배수를 모두 지운다. 하지만 더 이상 지울 것이 없다. 11의 배수인 22,33,44가 이미 지워진 후였기 때문이다. 다시 3을 제외한 13의 배수를 모두 지운다. 이때 39가 사라진다.

	2	3		5		7			
11		13				17		19	
		23						29	
31						37			
41		43				47			

이런 식으로 계속하면 위 표와 같은 수들이 남게 된다. 이 수들이 바로 1과 50 사이의 소수들이다.

영재 페이지

1) 등차중항과 등비중항

세 수 a, b, c가 등차수열을 이루는 경우를 생각하자. 이 경우 차이가 일정한데 그 일정한 차이를 d라고 하자. 그러면

$$b = a + d$$

$$c = b + d = a + 2d$$

이므로

$$a + c = a + a + 2d = 2(a + d) = 2b$$

가 된다. 그러므로 세 수 a, b, c가 등차수열을 이룰 때

$$b = \frac{a + c}{2}$$

가 되는데 이때 b를 a와 c의 등차중항이라고 부른다.

이번에는 등비중항에 대해 알아보자. 세 수 a, b, c가 등비수열을 이룬다고 하자. 이때는 비가 일정하다. 그 일정한 비를 r이라고 하면

$$b = ar$$

$$c = br = ar^2$$

이므로

$$ac = aar^2 = (ar)^2 = b^2$$

이 된다. 이때 b를 a와 c의 등비중항이라고 부른다.

2) 유클리드의 호제법

《원론》7권에서 가장 중요한 것은 두 수의 최대공약수를 찾는 방법인 유클리드 호제법이다. 예를 들어 55와 240의 최대 공약수를 유클리드 호제법을 이용하여 구해보자. 두 수 중 큰 수인 240을 작은 수인 55로 나눈 나머지는 20이다. 이것을 다음과 같이 쓴다.

$$\begin{array}{r|r} & 4 \\ \hline 55 \,) & 240 \\ & 220 \\ \hline & 20 \end{array}$$

다음 55를 20으로 나눈 나머지는 15이므로 다음과 같이 쓴다.

$$\begin{array}{r|r} & 4 \\ \hline 20 \,) & 55 \\ & 40 \\ \hline & 15 \end{array}$$

다음 20을 15로 나눈 나머지는 5이므로 다음과 같이 쓴다.

$$\begin{array}{r|r} & 1 \\ \hline 15 \,) & 20 \\ & 15 \\ \hline & 5 \end{array}$$

다음 15를 5로 나눈 나머지는 0이 되는데 이렇게 나머지가 0이 나오게 하는 나누는 수 5가 바로 처음 두 수의 최대공약수이다.

유클리드의 호제법을 도표로 정리해보면 다음과 같다.

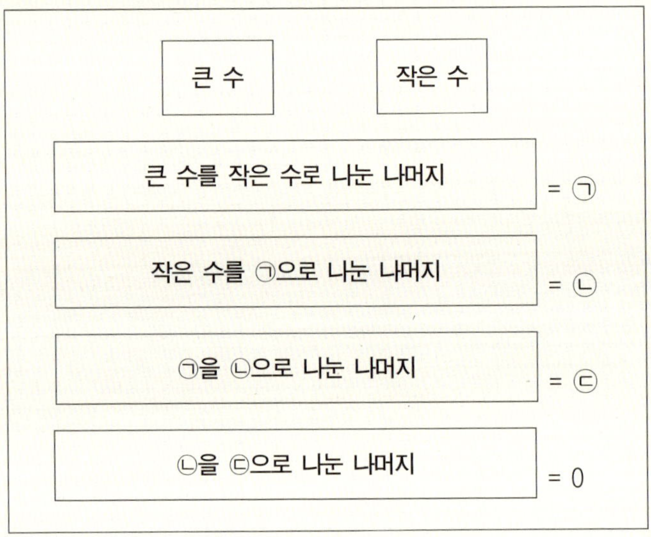

유클리드 호제법은 이런 식으로 나머지가 0이 될 때까지 진행된다. 이 경우 ㉡을 ㉢으로 나눈 나머지가 0이므로 ㉢이 최대 공약수이다.

3) 완전수를 찾는 방법

완전수를 찾는 일반적인 방법을 알아보자. 우선 2의 거듭제곱 수를 차례로 쓴다.

1, 2, 4, 8, 16

이 수들로 연속되는 수들의 합을 구한다.

$$1+2=3$$

$$1+2+4=7$$

$$1+2+4+8=15$$

$$1+2+4+8+16=31$$

$$1+2+4+8+16+32=63$$

$$1+2+4+8+16+32+64=127$$

이중 3, 7, 31, 127은 소수이지만 15와 63은 소수가 아니다. 이렇게 최종 결과가 소수가 아닌 것을 제외시키면 다음과 같다.

$$1+2=3$$

$$1+2+4=7$$

$$1+2+4+8+16=31$$

$$1+2+4+8+16+32+64=127$$

이때 더한 마지막 수와 결과의 수를 곱하면 완전수를 얻을 수 있다. 즉, 첫줄에서 $2\times3=6$, 둘째 줄에서 $4\times7=28$, 셋째 줄에서 $16\times31=496$. 넷째 줄에서 $64\times127=8128$.

4) 소수와 완전수와의 관계

소수와 완전수 사이에는 다음 정리가 성립한다.

[정리] $1+2+2^2+ \cdots +2^n = p$ 가 소수라면 이때 $2^n \times p$는 완전수이다.

이제 정리를 증명해 보자. $2^n \times p$의 진약수의 합은

$$(1+2+2^2+\cdots+2^n)\times(1+p)-2^n \times p$$

이다. 이것을 풀어쓰면

$$(1+2+2^2+\cdots+2^n)+p\times(1+2+2^2+\cdots+2^n)-2^n \times p$$

이다. 이 식을 다음과 같이 쓸 수도 있다.

$$(1+2+2^2+\cdots+2^n)+p\times(1+2+2^2+\cdots+2^{n-1})$$

이때 $1+2+2^2+\cdots+2^n = 2^{n+1}-1$을 이용하면 위 식은

$$2^{n+1}-1+p\times(2^n-1) = p\times 2^n+(2^{n+1}-1)-p$$

가 된다. 여기서

$2^{n+1}-1=p$ 이므로 $2^n \times p$의 진약수의 합은 $2^n \times p$이 되어 $2^n \times p$는 완전수이다.

2 소수 공식을 찾은 수학자들

소수를 일반적으로 만들어 내는 공식은 없을까? 소수의 신비로움은 중세 수학자들을 사로잡았다. 그리고 많은 위대한 수학자들이 소수를 만들어내는 일반적인 공식을 찾기 위해 혈안이 되었다.

그 중에서 가장 먼저 소수에 대한 공식을 발표한 사람은 프랑스의 아마추어 수학자인 페르마였다. 페르마는 1601년에 프랑스 남부 도시 툴루즈 근처의 보몽드로마뉴라는 작은 마을에서 부유한 집정관의 아들로 태어났다.

▶ 페르마

페르마는 프란체스코회 학교에서 고전어와 고전문학을 배운 후 툴루즈의 대학에서 법학을 공부하여 변호사가 되었고, 1648년에는 툴루즈 지방의회의 의원이 되어 죽을 때 까지 의원으로 살았다. 어릴 때부터 수학을 좋아했던 페르마는 의원이 되어서도 수학책을 읽는 것을 좋아했고 특히 그리스의 수학자 디오판토스가 쓴 《산술》은 그가 가장 좋아하는 수학책이었다.

5개 국어에 능통한 페르마는 시를 쓴 것을 좋아했으며 취미로 수학을 연구해 수학자 데카르트와 메르센과 오일러 등과 친하게 지냈다. 그는 비록 아마추어 수학자였으나 수학의 여러 방면에 획기적인 업적을 남긴 17세기 최고의 수학자로 손꼽힌다.

사람들과 접촉하는 것을 좋아하지 않는 페르마에게는 짖궂은 버릇이 있었다. 그는 자신이 발견한 새로운 정리에 대해 증명을 하고서도 그 증명이 적힌 종이를 모두 쓰레기통에 버리는 것이었다. 프로 수학자가 아닌 그는 굳이 논문을 통해 자신의 정리를 발표하려고 하지 않았던 것이었다. 그는 또한 영국의 유명한 수학자들에게 '나는 이런 정리를 발견해 증명했는데 당신은 모르지?'라는 편지를 보내 프로 수학자들을 종종 약 올리곤 했다. 프로 수학자들은 페르마가 보내온 정리를 증명에 도전했지만 번번이 실패해 결국 그의 천재성을 인정할 수 밖에 없었다.

1640년 페르마는 소수만을 나오게 하는 공식을 발표했는데 그것은 다음과 같이 복잡한 꼴이었다.

$$2^{2^N}+1$$

페르마는 이 식의 N에 0, 1, 2, 3, …을 대입하면 항상 소수가 나온다고 믿었다. 그의 생각대로 이 식에 $N=0$을 대입하면 $2^0=1$이므로 $2^{2^N}+1$는 2^1+1이 되어 3이 되고 이런 식으로 N에 차례로 0, 1, 2, 3, 4, 5를 대입하면, 3, 5, 17, 257, 65537, 4294967297이 되는데 그는 이런 식으로 소수를 만들 수 있다고 주장했다. 하지만 1732년 오일러는 초인적인 계산을 통해 4294967297이 소수가 아님을 발견했다. 그의 계산에 따르면 $4294967297=6700417\times641$로 소인수 분해가 되므로 4294967297은 소수가 아니었다.

1640년 페르마는 소수와 제곱수사이의 새로운 관계를 알아내 그의 친구 수학자인 메르센에게 편지로 알렸다. 그가 메르센에게 보낸 편지에는 다음과 같은 내용이 들어있었다.

'4로 나누어 나머지가 1인 소수는 두 수의 제곱의 합으로 나타낼 수 있다.'

이 편지가 공개된 후 많은 수학자들이 페르마의 편지 내용을 확인하는 작업에 들어갔다. 4로 나눈 나머지가 1인 소수는 5, 13, 17, 29와 같은 수인데

$$5=1^2+2^2,\ 13=2^2+3^2,\ 17=1^2+4^2,\ 29=2^2+5^2$$

이 되어 페르마가 찾은 소수의 성질이 옳다는 것이 알려졌다. 이것은 훗날 스위스의 수학자 오일러에 의해 증명되었다.

페르마와 더불어 17세기의 유명한 아마추어 수학자인 메르센은 1588년 프랑스의 멘 우아제에서 태어났다. 그는 1611년 파리의 로마 가톨릭 수도회에 가입했고 1614년 네베르에 있는 미니 수도회에서 철학을 가르쳤다. 연금술과 점성술을 믿지 않는 그는 데카르트의 철학과 갈릴레오의 천문학 이론을 지지하며 다른 한편으로는 소수의 신비로움에 사로잡혔다.

메르센은 유럽의 여러 철학자들, 수학자들, 과학자들과 자주 만나 이야기 하고 편지를 주고받으며 친분을 쌓았다. 당시에는 과학 학술지가 없었기 때문에 다른 사람들이 자신과 똑같은 연구를 하고 있다는 것을

알 수 있는 방법이 없었다. 메르센은 데카르트, 데자르그, 페르마, 파스칼, 갈릴레오 등과의 대화를 통해 새로운 지식을 얻을 수 있었다. 그 당시 과학이나 수학에서의 새로운 발견을 메르센에게 알려주는 것은 자신의 발견을 유럽 전역에 알리는 것과 같다고 얘기할 정도로 메르센은 수학과 과학계에서 발이 넓었다.

1644년 메르센은 세상을 깜짝 놀라게 하는 공식을 발표했다. 그것은 소수를 만들어 내는 공식이었다. 그는 n이 소수일 때 2^n-1은 모두 소수가 될 것이라고 주장했다. 예를 들어 n에 2, 3, 5, 7을 넣으면 $2^n-1 = 3, 7, 31, 127$ 이 되어 모두 소수가 된다. 하지만 n이 11일 때는 $2^n-1=2047$이 되는데 $2047 = 23 \times 89$ 이므로 소수가 아니다. 결국 모든 소수 n에 대해 2^n-1이 소수가 되는 것이 아니라 어떤 특정한 소수 n에 대해서 2^n-1이 소수가 되었다. 메르센은 2^n-1이 소수가 되게 하는 n의 값을 찾아보았다. 그 결과는 다음과 같았다.

$$2, 3, 5, 7, 13, 19, 31, 67, 127, 257$$

그러므로 $2^{257}-1$은 소수인데 이런 꼴로 소수가 되는 것을 수학자들은 메르센의 이름을 붙여 메르센 소수라고 불렀다.

전 세계 소수 매니아들은 컴퓨터를 이용하여 보다 큰 메르센 소수를 찾기 위해 혈안이 되었다. 1963년 미국 일리노이 대학에서 컴퓨터로 찾아낸 23번째 메르센 소수 $2^{11213}-1$의 발견을 축하하는 기념우표가 나왔다.

▶ 메르센 소수 기념 우편 스탬프

2006년에는 미국 센트럴 미주리 주립대학의 학자들이 지금까지 기록을 깨고 최대의 소수를 발견했다. 스티븐 분과 커티스 쿠퍼 등 연구진은 700대의 컴퓨터를 이용하여 915만2천52자리의 메르센 소수를 발견했는데 이 결과는 프랑스 그르노블의 그르노블 연구센터가 글루카스 프로그램을 이용해 5일 만에 검증했다. 이 소수는 메르센 소수로서는 43번째 것으로 $2^{34021457}-1$의 꼴이었다.

한편 1996년 조지 울트만은 "최초로 1천만 자리의 소수를 발견하는 사람에겐 미 전기프론티어재단이 10만 달러의 상금을 줄 예정"이라며 그 시기는 수 주 내 또는 수년 후가 될 수도 있을 것이라고 내다보았다. 그는 "더 큰 소수가 많이 있을 것"이라며 "인터넷이 가능한 컴퓨터를 갖고 있는 사람이라면 누구나 참여할 수 있다"고 덧붙였다.

수학서술수업

1) 37을 두 수의 제곱의 합으로 나타내라.

답 $1^2+6^2=37$

2) 41을 두 수의 제곱의 합으로 나타내라.

답 $4^2+5^2=41$

교과 연계 내용

골드바흐 추측

1742년 러시아의 수학자 골드바흐가 오일러에게 보낸 편지에는 다음과 같은 내용이 적혀있다.

〈골드바흐 추측〉

2보다 큰 모든 짝수는 두 개의 소수의 합으로 나타낼 수 있다.

예를 들면, 다음과 같다.

$$4 = 2+2$$

$$6 = 3+3$$

$$8 = 3+5$$

$$10 = 3+7$$

이 추측은 아직까지도 증명이 되지 않아 수학자들의 애를 태우고 있다.

영재 페이지

1) 오일러의 소수 공식

1772년 스위스의 오일러는 이차 함수로 나타내지는 소수 공식을 발표했다. 물론 그의 소수 공식은 완벽한 것은 아니지만 기존의 소수 공식에 비해 많은 소수를 만들어 낼 수 있다는 점에서 학계의 주목을 받았다. 오일러의 소수 공식은 다음과 같다.

$$x^2+x+41$$

이 식의 x 대신 0부터 39까지의 수를 대입하면 40개의 소수가 만들어진다.

수학자들은 오일러의 소수공식이 다음과 같은 소수들을 만들어 낸다는 것을 알아냈다.

41, 43, 47, 53, 61, 71, 83, 97, 113, 131, 151, 173, 197,
223, 251, 281, 313, 347, 383, 421, 461, 503, 547, 593,
641, 691, 743, 797, 853, 911, 971, 1033, 1097, 1163,
1231, 1301, 1373, 1447, 1523, 1601

2) 윌슨의 소수 판별식

윌슨 소수 판별식이라는 것이 있습니다. 이것은 1770년 수학자 윌슨이 정리를 발표하고 1773년 라그랑쥬가 증명을 했는데 다음과 같습니다.

〈윌슨의 소수 판별식〉

> $(p-1)!+1$이 p의 배수이면 p는 소수이다.

여기서 !은 팩토리얼이라고 읽는데 다음과 같이 정의됩니다.

$$2 \neq 2\times 1$$

$$3 \neq 3\times 2\times 1$$

$$4! = 4\times 3\times 2\times 1$$

예를 들어, $p=3$인 경우를 보죠.

$(3-1)!=2!=2$이므로 $(3-1)!+1=3$이 되어 3의 배수이죠? 그러므로 3은 소수입니다.

3 페르마의 마지막 정리

우리는 앞에서 피타고라스 수에 대해서 언급한 바 있다. $c^2=a^2+b^2$을 만족하는 자연수 a, b, c를 피타고라스 수라고 부르는데 예를 들어 3, 4, 5와 5, 12, 13이 피타고라스 수이다. 피타고라스 수는 이 외에도 무수히 많이 존재 한다.

피타고라스의 정리를 좀 더 일반화된 모습으로 확장한 정리를 발표한 사람은 페르마인데 그가 1640년에 발견한 이 정리를 페르마의 마지막 정리라고 부른다. 페르마는 자신이 즐겨 있던 디오판토스의《산술》이라는 수학책에 낙서하는 걸 좋아했는데 그가 죽은 후 아들이 그의 유품을 정리하던 중《산술》의 여백에서 페르마의 마지막 정리가 발견되었다.

페르마의 마지막정리로 알려진 이 정리는 다음과 같다.

〈페르마의 마지막 정리〉

n이 2보다 큰 자연수일 때 $x^n + y^n = z^n$을 만족하는 세 자연수 x, y, z는 존재하지 않는다.

페르마는 이 정리를 적어두면서 그 밑에 "나는 이 정리를 증명할 수는 있지만 여백이 너무 좁아 증명을 쓸 수가 없어 비워둔다."라는 말을 남겼다. 페르마가 죽은 후 이 정리는 많은 사람들의 관심을 끌었다.

페르마의 마지막정리에 처음 도전한 사람은 수학자 오일러이다. 18세기 최고의 수학자 오일러는 1707년 스위스의 바젤에서 태어났다. 그의 아버지는 목사님이었는데 그래서 부모님은 그가 목사가 되기를 원했지만 어릴 때부터 수학에 천부적인 재능을 보인 오일러는 13살 때 바젤 대학 철학과에 입학했지만 틈틈이 수학연구를 게을리 하지 않았다.

▶ 오일러 사진

오일러는 계산을 하기 위해 태어났다고 할 정도로 천재수학자였다. 그는 평생 560편의 논문을 썼는데 수학, 역학, 천문학에 관한 내용이었다. 오일러가 얼마나 계산의 천재였는지를 알려주는 일화가 있다. 그가 28살 때 어떤 천문학 문제에 현상금이 걸렸다. 수많은 수학자들이 이 문제에 뛰어 들었지만 몇 달 동안 아무도 해결하지 못했다. 하지만 오일러는 문제를 처음 접하고 삼일 만에 정답을 내놓아 세상을 깜짝 놀라게 했다.

1778년 오일러는 페르마의 마지막 정리가 n이 3일 때 성립한다는 것을 증명했다. 이로써 1660년 페르마가 $n=4$일 때 페르마의 정리가 성립한다는 것을 증명했으므로 1800년대까지 페르마의 정리는 두 개의 n값에 대해 성립하는 셈이었다.

이것을 좀 더 많은 n값에 대해 증명한 사람은 18세기 최고의 여류 수학자 소피 제르맹이었다. 그녀는 1776년 프랑스 파리에서 부유한 상인의 딸로 태어났다. 그녀가 열세 살이 되던 해 그녀는 아버지의 서재에서 우연히《수학의 역사》라는 책을 읽게 되었고 이때 아르키메데스가 로마 군사가 쳐들어왔는데도 불구하고 땅바닥에 도형을 그리고 수학문제를 풀고 있는 모습에 감동을 받았다. 이것이 그녀를 수학자로 만드는 결정적인 계기가 되었다.

당시 프랑스에서는 여성이 대학에서 수학을 공부하는 것이 허용되지 않았기 때문에 그녀는 남장을 한 채 '르블랑'이라는 남자 이름을 사용해 버젓이 대학을 다니며 수학을 공부했다. 그녀는 '르블랑'이라는 이름으로 자신이 연구한 결과를 당대 최고의 수학자인 독일의 가우스에게 서신으로 보냈고 가우스는 청년 르블랑의 업적에 깊은 감명을 받았다.

▶ 소피 제르맹 사진

1806년 프랑스 군대가 독일로 쳐들어가간다는 소문을 듣고 소피 제르맹은 프랑스군 지휘관에게 가우스의 안전을 보장해 달라는 편지를 썼다. 지휘관은 그녀의 부탁을 들어 주어 가우스의 신변을 보호해 주었고 가우스에게 '소피양 덕분에 목숨을 건지셨네요.'라고 말해 그동안 청년행세를 하던 소피 제르맹의 정체가 탄로 나게 되었다. 그녀는 가우스에게 그동안 자신이 남자인 척 한 점에 대해 사과했다. 가우스는 비록 자신을 속였지만 소피 제르맹의 수학적인 업적을 칭찬하며 두 사람의 수학 편지는 지속되었다.

1820년 제르맹은 페르마의 마지막 정리에 대한 위대한 보조 정리를 발표한다. 그것은 p가 8로 나눈 나머지가 7인 소수일 때 $n=p-1$인 모든 n에 대해 페르마의 정리가 성립한다는 것이다. 그녀는 n이 6, 22, 30과 같이 이 조건을 만족하는 무한히 많은 n에 대해 페르마 정리가 성립한다는 것을 보였다. 제르맹은 자신의 연구를 확장하여 페르마의 정리를 다음과 같이 두 경우로 분류했다.

(1) x, y, z 중 어느 것도 n의 배수가 아닐 때

(2) x, y, z 중 적어도 하나가 n의 배수일 때

로 나눌 수 있다는 것을 밝히고 100 이하의 n에 대해 x, y, z 중 어느 것도 n 의 배수가 아닐 때 페르마의 정리가 옳다는 것을 확인했다. 르장드르는 제르맹의 방법을 확장하여 197 이하의 n에 대해 경우 (1)을 증명했다.

1752년 프랑스 파리에서 태어난 르장드르는 물리학자이며 동시에 수학자로 유명하다. 그는 1782년 파리에 있는 에콜 밀리테르라는 군사학교에서 교사를 할 때 공기의 저항이 있을 때 포탄의 운동에 대한 연구로 유명하다. 그는 또한 천체 역학에 대해서도 많은 연구를 했다.

▶ 르장드르 사진

1825년, 디리클레가 $n=5$에 대해, 1832년, $n=14$인 경우의 페르마의 마지막 정리를 증명했다. 1839년, 라메가 $n=7$인 경우를 증명했다. 이런 식으로 특별한 n에 대한 페르마 정리의 증명은 이루어졌지만 수학자들의 숙원인 임의의 n에 대한 페르마 정리 증명은 이루어지지 않았다. 컴퓨터가 발명되자 수학자들은 컴퓨터를 이용해서 페르마의 정리를 확인했다. 1993년 컴퓨터의 도움으로 n이 40000 이하인 경우는 페르마의 마지막 정리가 참이라는 것이 밝혀졌다.

1908년, 파울 볼프스켈의 유언에 따라 괴팅겐 왕립과학원은 2007년 9월 13일을 기한으로 페르마의 마지막 정리를 증명하는 사람에게 10만 마르크의 상금을 걸었다. 이것은 페르마의 마지막 정리에 수많은 사람이 달려들어 잘못된 증명을 쏟아내게 하는 한편, 대중에게 이 문제를 널리 알리는 계기가 되었다.

결국 이 상금의 주인공은 1994년 영국의 와일즈가 되었다. 330년 동안 풀리지 않았던 페르마의 마지막 정리를 증명한 와일즈는 1953년 영국 케임브리지에서 태어났다. 어릴 때부터 계산 문제를 푸는 것을 즐겼던 와일즈는 스스로 수학문제를 만들어 풀곤 했다.

▶ 와일즈 사진

와일즈는 열 살 때 우연히 템플 벨이 쓴《마지막 문제》라는 책을 케임브리지의 도서관에서 보게 되었다. 그 책에는 바로 페르마의 마지막 정리가 쓰여 있었다. 와일즈는 일주일 동안 이 문제에 빠져 있었다. 하지만 열 살의 어린 나이로 이 정리를 증명하는 것은 무리라고 생각했다. 하지만 와일즈는 반드시 이 정리를 증명하겠다는 꿈을 포기하지 않았다.

와일즈는 케임브리지 대학에서 수학을 공부할 때 페르마의 마지막정리 증명에 도전하겠다고 지도교수님에게 말했다. 하지만 교수는 '꿈을 버리는 게 좋아'라고 말하면서 말렸다. 그것은 너무나 어려운 문제이기 때문에 그 정리를 증명하려고 하면 다른 어떤 연구도 할 수 없다는 이유였다. 하지만 와일즈가 수학자가 된 이유가 페르마의 마지막 정리에 있기 때문에 와일즈는 그 꿈을 포기할 수 없었다.

와일즈는 케임브리지 대학에서 박사학위를 받고 미국 프린스턴 대학의 수학과 교수가 되었다. 그리고는 계속 페르마의 마지막 정리에 매달렸다. 하지만 다른 사람들에게는 자신이 페르마의 마지막 정리의 증명에 도전한다는 것을 비밀로 했다. 그것은 자신이 미친 사람으로 소문나는 것이 두려워서였다. 와일즈는 몇 년 동안을 논문 하나 쓰지 않고 페르마의 마지막 정리의 증명에만 몰두했다. 그래서 동료 교수들은 와일즈가 연구를 게을리 한다고 여겼다.

실제로 와일즈 이전에도 많은 수학자들이 페르마의 마지막정리의 증명에 도전했다. 하지만 어떤 수학자들은 자신의 능력의 한계를 느껴 중

도에 포기했고 심지어는 자살로 삶을 마감하기까지 했다. 1958년 일본의 수학자 타니야마가 31살의 나이로 자살을 했다. 타니야마는 자신의 모든 열정을 페르마의 마지막 정리 증명에 쏟아 부었지만 만족할 만한 결과가 나오지 않아 너무 힘들다는 유서를 남기고 자살했다.

와일즈는 1993년 6월 21일, 22일, 23일에 영국 뉴턴 연구소에서 세계적인 수학자들 앞에서 페르마의 마지막 정리를 증명했다. 모든 수학자들은 와일즈의 증명에 환호를 보내며 오랫동안 풀리지 않던 페르마의 마지막 정리의 증명을 축하했다. 그러나 그 해 12월 4일, 와일즈는 자신의 증명에 작은 문제가 있다며 논문 발표를 철회했고, 이듬해인 1994년 제자인 테일러와 논문을 수정했다. 그리고 1994년 10월 6일, 와일즈는 완벽하게 페르마의 마지막 정리를 증명하는 논문을 《수학연보 Annals of Mathematics》에 투고했고 이 논문은 1995년에 수학연보를 통해 발표되었다. 이로써 1997년 6월 27일에 와일즈는 오랫동안 주인을 기다렸던 페르마의 마지막 정리에 걸린 상금을 받았다.

영재 페이지

1) 페르마의 작은 정리

[정리] p가 소수이면 임의의 자연수 n에 대해 n^p-1은 p로 나누어 떨어진다.

이 정리는 페르마가 발표하고 증명은 라이프니츠가 했습니다. 예를 들어, $p=3$이고, $n=5$라고 하면, $5^3-5=120=3\times40$이 되지요? 그러므로 3은 소수입니다.

참고문헌

수의 비밀 , 피터 벤틀리 (지은이) | 경문사(경문북스) | 2013년 4월

0과 무한 소수와 암호 - 수학의 기본과 응용을 탐구한다 | 뉴턴 하이라이트 Newton Highlight 60 choice

뉴턴코리아 편집부 (엮은이) | 뉴턴코리아 | 2012년 7월

페르마의 마지막 정리 - 개정판 | 갈릴레오 총서 3 choice

사이먼 싱 (지은이), 박병철 (옮긴이) | 영림카디널 | 2014년 7월

쉽게 읽는 페르마의 마지막 정리 | 수학 오디세이 4

아미르 D. 악젤 (지은이), 한창우 (옮긴이) | 경문사(경문북스) | 2003년 6월

페르마가 들려주는 약수와 배수 2 이야기 | 수학자가 들려주는 수학 이야기 33

김화영 (지은이) | 자음과모음 | 2008년 7월

색 인